万物简史译<u>丛</u>

【日】矢野宪一 著
谢金洋 译

上海交通大学 出版社
SHANGHAI JIAO TONG UNIVERSITY PRESS

内容提要

本书是"万物简史译丛"之一。本书以幽默风趣的笔触,以春、夏、秋、冬四季为主线,结合考古学、文学、社会学等学科知识,以独特的视角详尽地阐述了枕头的文化史。作者摒弃了以往此类书籍枯燥乏味的叙事手法,加入了与枕头有关的民俗、民间传说以及大量的插图,内容贴近生活,使全书通俗易懂,趣味性十足。这不仅是有关枕头的文化史的学术性书籍,更是一本可以置于床头愉快阅读的枕边书。

MONO TO NINGEN NO BUNKASHI - MAKURA
by YANO Ken'ichi
Copyright © 1996 by YANO Ken'ichi
All rights reserved.
Originally published in Japan by HOSEI UNIVERSITY PRESS, Japan.
Chinese (in simplified character only) translation rights arranged with
HOSEI UNIVERSITY PRESS, Japan
through THE SAKAI AGENCY and BARDON-CHINESE MEDIA AGENCY

图书在版编目(CIP)数据

枕/(日)矢野宪一著;谢金洋译. —上海:上
海交通大学出版社,2014
(万物简史译丛/王升远主编)
ISBN 978-7-313-11405-1

Ⅰ.①枕… Ⅱ.①矢野… ②谢… Ⅲ.①床上用品-文
化-研究-日本 Ⅳ.①TS941.75

中国版本图书馆CIP数据核字(2014)第117473号

枕

著　者:[日]矢野宪一
出版发行:上海交通大学出版社
邮政编码:200030
出版人:韩建民
印　制:浙江云广印业股份有限公司
开　本:880mm×1230mm　1/32
字　数:162千字
版　次:2014年7月第1版
书　号:ISBN 978-7-313-11405-1/TS
定　价:35.00元

译　者:谢金洋
地　址:上海市番禺路951号
电　话:021-64071208
经　销:全国新华书店
印　张:7.125
印　次:2014年7月第1次印刷

祭神的织锦御枕（复制品）

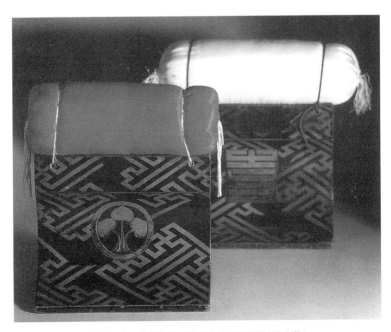

带有蜀葵图案的江户时代武家使用的箱枕（笔者藏）

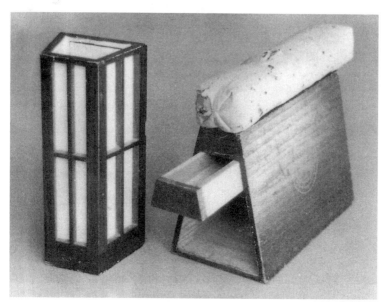

伊势古市的妓院备前屋的箱枕（枕头中有枕行灯和小抽屉.神宫征古馆藏）

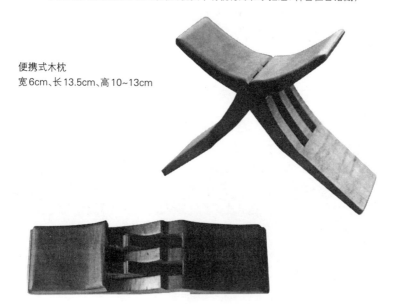

便携式木枕
宽6cm、长13.5cm、高10~13cm

折叠后　长21cm、厚3cm

带有芒蝶图案的螺细泥金画香枕（江户时代.三托利美术馆藏）

曾大受欢迎的陶枕
（昭和10年左右）

带有老虎图案的如意头形陶枕（13世纪）

长方形的陶枕（13~14世纪，"张家造"印）

白磁的儿童枕（12世纪．北京故宫博物院藏）

中国孩童形状的陶枕（13世纪．杨永德先生藏）

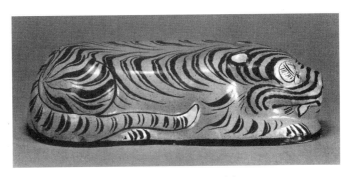

虎形的陶枕（13世纪．同上）

插着两根立花的石枕（重要文化遗产．国学院大学藏）

粘土枕（三重县・女娲古坟出土）

黄釉绞胎的花纹陶枕（10 ～ 11世纪．杨永德先生藏）

藤原镰足的玉枕（复原品）

唐三彩鸳鸯花纹的枕头（东京国立博物馆藏）

目 录

序

迄今为止，我已使用枕头58年。在其中的20年间，我对枕头产生了兴趣与痴迷。并于10年前，在"讲谈社"出版了《枕头的文化史》一书。在那之后我也尚未停止关于枕头的思考，如今能将此书列入《物与人的文化史》丛书中，我感到非常高兴。

任何人一生都有三分之一的时间是在和枕头打交道。但大多数人并没有注意到它，至今为止也没有人以枕头为文化史的研究课题进行研究、或出版专著。

虽然历史研究已经取得了很大的进步，但对于身边的生活史我们却知之甚少。人们对过于日常的、每天不经意地使用着的东西，通常是既不保存，也不研究。而且，或许正是由于"研究那种不起眼的东西……"之类想法的存在，所以才没有人把日常生活中的东西作为研究对象吧。

长期以来，我也是在没有告知任何人的情况下，默默地进行着枕头的研究。

为何将这种东西作为研究主题，我会在"后记"中作阐述。

枕头有坚硬的、有柔软的、也有低劣的，这种看似简单的研究实际操作起来却是一个非常难的课题。但是，我认为这样有趣的研究对象并不常见，所以并不想放弃。为使本书更加有趣，我决定稍微减少一点儿与枕头接触的时间，愉快地创作。

请您躺在枕头上轻松地阅读吧！

有田烧的高级陶枕（江户时代）

第一章
春天 黎明的枕草子

枕头的产生

在动物当中,使用枕头的大概只有人类,那人类是从什么时候开始使用枕头的呢?

如果没有枕头,您会怎么办呢?或许也存在不需要枕头的人,但人们为了睡得舒服些还是会把头部稍微垫高一点儿,于是,人们就会自然地枕着胳膊,或者寻找一些其他的东西替代枕头吧。

我想从远古人类起源开始,人类在地面上或者在山洞里睡觉的时候,会很自然地使用像枕头那样的东西作为头的靠垫。比如,自己的手、石头、树根或者是一捆草之类的,枕头就这样自然而然地产生了。

人类在漫长的历史进程中,为谋求更好的生活、提高文化水平,一直在不断地努力钻研。

人类从最初直接使用自然中的草、树或者石头垫头,到逐步地将它们加工成枕头之间,包含着漫长的文化历史。

呆呆地看着时代剧的时候,电视上突然出现了夜晚过女儿节的场景。

纸罩蜡灯微弱的灯光照射着华丽的放人偶的梯形架子，架子上摆放着草绿色的菱形年糕、桃花、白酒，还有枕在箱形木枕上睡觉的扎起黑发的小人偶。这是日本独特的情趣。

那种箱形的木枕，是从什么时候开始被弃用的呢？虽然已经是只能在民俗资料馆里见到的枕头了，但大概即使在日本这样一个有着各种各样枕头的国家，它也是很稀有的吧？

枕头的语源与字源

枕头在日本文献中第一次出现，是在《古事记》上卷的开头，伊邪那美命在生完火神要到黄泉国去的时候，对她的死感到悲痛的伊邪那岐命趴在枕头上哭。而在《日本书纪》中对同一场面是这样描写的，伊邪那岐命一会儿趴在头边哭泣，一会儿趴在脚边哭泣，其中把头边读作"摩苦罗陛"。

古籍中的训读音虽然很难，但古时候是不是把头读作"マクラ(makura)"呢？语源越古老的词就越不清楚。像为什么脸叫作脸、手叫作手、头叫作头之类的问题就完全弄不明白。

"マクラ(makura)"一词，从很久以前开始甚至是上古时代以来，名称就没有改变过。似乎从很早开始，学者们对这个词语的语源就很头疼，对其有各种各样的说法。根据《日本国语大辞典》(小学馆版) 等书籍的记载，枕头的语源有如下解释：

① 《大言海》的作者大槻文彦的说法是，命名为"マクラ(makura)(间座)"，取支撑头部间隙之意。这是一种颇为牵强的解释。

② "マ(ma)"是"アタマ(atama)"的省略。是"アタマクラ(atamakura)(头座)"的意思(《日本释名·和汉三才图会·茅窗漫录》)。是"アタマクラ(atamakura)(天卤座)"的意思(《言

元梯》）。是"マクラ (makura)（头座）"的意思（《笺注和名抄・雅言考》）等。这虽是贝原益宣等人的说法，但我一直疑惑"アタマ (atama)"一词是自上古以来就有的词吗？而且，如果省略"マ (ma)"就应变成"マヌケ (manuke)"。我想不通为什么要省略"アタ (ata)"呢？

③ 因为是放置眼睛而休息的地方，所以取"マクラ (makura)（目座）"的意思（《和训栞・类聚名物考・俚言集览》）。是"メクラ (mekura)（目座）"的意思（《名言通》）。是"メクラミ (mekurami)（目座）"的意思（《日本语源学》）。是"目鞍"的意思（《名语记》）。这是谷川士清的说法，但所谓放置眼睛的说法，仅仅是个设想，古代人也不会把眼球放在枕头上休息吧！

④ "マ (ma)"是"カミ (kami)（脖子）"的意思（《东雅》）。这是新井白石的说法，虽说很有趣，但是把"マ (ma)"和"カミ (kami)"直接联系起来也有其不合理之处。

⑤ 是"マク (maku)（枕）"的意思（《雉冈随笔》）。这或许是枕着胳膊，曲肱为枕的意思吧。

⑥ 是"マク (maku)（卷）"的意思，因为古时人们是用袖子卷起来做枕头的（《古事记传・俚言集览》）。但果真是这样的吗？

⑦ 是"マキクラ (makikura)（缠座）"的意思（《古事记传・和训集说・雅言考・菊池俗言考・日本语源》）。是"マク (maku)"与"クラ (kura)（座）"的合成词（大岛正健"国语的语根及其分类"）。

⑧ 因为枕头是作为呼唤神灵的手段，所以取"マクラ (makura)（真座）"的意思（高崎正秀"文学以前"）。这也是柳田国男和折口信夫的说法，我在第二章"神的御用枕头"部分记述的，大尝祭的坂枕等就属此类。但是，也很难断定这就是枕头的语源。

以上说法无论哪种都有一定的道理，却都没有说服力。而他们的共通之处是，都把"クラ (maku)"解释为座。

按照柳田国男的说法，"クラ (kura)"就是神灵降临的地方。而金泽庄三郎则认为，这个"クラ"和朝鲜语古语的"コル (koru)(城)"或满语的"コル (koru)(山谷)"是同语系的。

本居宣长也把"クラ (kura)"比喻为人的前胸、胯部等身体凹陷处。

在《古事记》中，名字中带有"クラ (kura)"这个词的神，包括天之阁户神、阁于加美神、阁御津美神、阁山津见神以及掌管溪谷的神等；"クラ (kura)"有象征 V 字形的意思，吉野裕子推论"クラ (kura)"是指从锐角到钝角的大范围的 V 字形的词。锐角的 V 字形的典型代表是山谷，钝角的代表是天皇的宝座、神灵的座位、脚蹬、枕头的凹陷等，马鞍是介于锐角和钝角之间的角度。表面有微微凹陷的枕头或者脚蹬都是与平面接近的 V 字形，身体的胯部是深的凹陷，前胸是浅的凹陷，收纳谷物的仓库也是深的凹陷，因此枕头是头的凹陷的意思（《扇性和古代信仰》人文书院）。

小川光旸也在《寝所和寝具的文化史》(雄山阁书15) 一书中指出，枕头有作为魂魄容器的功能，"タマ (tama)(灵魂)"和"クラ (kura)(仓库)"的缩写就成了"マクラ (makura)"，他引用白鸟库吉在《神代史的新研究》中"TAMA这个词的词根是 MA，TA 不过是它的接头词"这一有力的论述，根据万叶歌谣得以证明"マクラ (makura)"就是"アタマクラ (atamakura)"。

关于古代人似乎认为睡眠时人的灵魂会从肉体中游离出来寄宿到枕头里这件事后面我还要记述，不过我也认为"マクラ (makura)"一词正是源于枕头是魂魄寄宿的场所，而把"タマ

篆文体的"枕"字

(tama) (灵·魂)"和"クラ (kura) (座)"缩写形成的。

枕这个汉字显然是从中国文字中借用而来的,《古事记》和《万叶集》里,用万叶假名将之标注为"万久良"、"麻久良"、"摩俱罗"。

汉语里枕的发音是"zhen"。朝鲜语的发音是"piige"。

"マクラ (makura)"是纯粹的大和语,虽然枕这个字是从中国传来的,但是发音却不是从中国传来的。

根据《字统》(白川静·平凡社) 中的说法,枕的声母是"尢"。由"尢"做声母的字还有"沈"、"鸩"。"尢"表示人在枕头上躺着的形状。藤堂明保认为,枕是"木"和"尢"的组合,"尢"是深深进入的意思。在甲骨文字中,有死亡后的牛沉入水中的意思,而在刻在青铜器上的金文中,则表示人的头戴着重重的枷板而被向下压的样子,有头深深地向下沉的意思。

自古以来,枕头的种类繁多,但是"枕"这个字是木字旁,所以当时的中国人主要使用的可能还是木制的枕头吧。

出现在《万叶集》中的枕头

我在年轻的时候,曾花费了无数夜晚去调查《万叶集》4 500多首和歌中,究竟出现了多少有关枕头的描述。

"草枕"、"蒲包枕"、"菅枕"、"黄杨枕"、"情人或妻子的手枕头"等自不必说,旅行时,在水边把石头当枕头来休息的"石枕(矶枕)"、"枕大刀"、"枕边"、"躺在枕头上"、"妻子在丈夫出行的夜晚把枕头空出一半来睡觉"等等,就更加数不胜数了。

根据泽泻久孝老师的调查,在《万叶集》中,含有"梦"这个单词的和歌一共有99首,在说明部分出现"梦"的和歌有8首,加在一起是107首。我曾经打算有时间的时候彻底地查一查《万叶集》中究竟出现了多少含有"枕头"的和歌,但是想到年轻的《万叶集》研究者们可能已用电脑调查出来了,也就放弃了这个念头。

为何要用足柄麻万的菅枕呢,用我的手枕吧,孩子

这是第十四卷中的一首相模国的民谣。大冈信是这样解释的,"你为什么用在足柄(地名)的麻万(地名)生长出来的小菅做成菅枕?可爱的孩子,来吧,试试枕我的胳膊吧"。

菅枕是用莎草科菅属的植物做成的枕头。菅属的植物在世界上共有约1 100种,日本也有200余种。所谓的菅笠和蓑衣就是用莎草的叶子编织而成的。

伊势神宫在每年的五月份会举行一次叫作"风日祈祭"的祭祀活动,在仪式上,人们会供奉用菅做成的蓑衣、菅笠,以祈祷风调雨顺、作物丰收。而且,在日本一年中所有的祭典上,人们都会把一种叫叶荐的、用菰的叶子编织而成的粗草席作为祭祀的器具使用。

菰是一种群生在沼泽湿地水边的稻科多年生植物,做成制品以后和菅很相像,但是菅正像它的名字一样,清爽光滑而且不易粘黏。菰比菅更柔软也更容易吸收湿气,一沾汗就会变得有点发黏。

折口信夫曾有感而发地说,难道不是因为由菅枕会联想到清枕,才实际制作并尝试使用的吗?

《春日权现验记》中的枕木上黏着布的枕头　　　蒲包枕（笔者根据想象制作的）

就因人言，而不同枕吗

这是第十四卷中的一首相闻歌。意思是，人们的传言已经越发频繁了，但就因为这个原因，我们就不再睡在同一个真麻制成的蒲包枕上了吗？

真麻是荨麻科多年生植物苎麻茎部的外皮纤维，在东南亚的民间工艺品中经常能够见到，过去日本叫苎麻，用于萨摩麻布或者奈良的漂白布上。

在日本，有"菅笠和老婆都是一年的东西"这样一种比喻。表示马上就会变旧的意思。在《万叶集》中出现的菅枕、蒲包枕、草枕等，因为都是用易腐蚀的材料做成的，所以在考古学史上并没有发现。古画当中，大概也就只有在"一遍圣绘"（1299　法眼圆伊笔）中能看到蒲包枕的影子。

不满于在家相见，我好羡慕与你旅行的妻子啊

与我旅行的虽是我的妻子，但我心里想的还是如玉的你啊

以衣相赠，如同我在你身边

这是第四卷中的汤原王与妃子的回赠和歌。大意是，妃子开

玩笑说：虽然在自己的家里相逢但还是不能感到满足，我嫉妒你和你妻子在旅行中还在一起。汤原王回答：我虽然是带着自己的妻子来的，但其实心里惦念的还是像宝盒中美玉一样的你啊。于是，我准备将我的衣服作为礼物赠予你，睡觉时不要让它离开枕边。

草枕当然是关系到旅行的枕词。这是因为，在古代人们旅行的时候，往往将青草或者干草捆扎起来当作枕头使用。《万叶集》中出现的木枕和黄杨枕等，我会在稍后关于枕头的各种介绍中记述，在这里我主要还是想把目光集中在《万叶集》中赋予枕头人格的和歌上。

玉还玉主，我只能和枕头一起入眠

第四卷中的这首和歌比较难，所以也有各种各样的解释。根据岩波书店《日本古典文学大系》这本书中的解释是：自己最爱的玉（女儿）已经给了玉的主人，不管那些了，我和枕头两个人一起睡吧。看了这解释我也总有些地方弄不明白，也搞不清楚玉的主人指的是谁。但已知的是，和枕头两个人睡觉，这一说法里面蕴含着一种观念，即人的魂魄向枕头靠近或者说枕头中寄宿着灵魂。针对这件事，我在年轻的时候和小川光旸有过探讨，小川先生说，我们不能简单地把《万叶集》时代人们的梦等同地理解为我们现代人的梦，睡觉时灵魂从肉体中游离出来，四处游荡，也可以到恋人的地方去和恋人约会，这种状态就以"做"梦的形态被记忆下来。对《万叶集》时代的人们来说，梦也是现实。

人为什么会做梦呢？如果把人的大脑比作电脑，人在醒着的时候大脑当中挤满了大量的情报，这其中冗杂的不必要的东西如果不丢弃的话，在脑容量达到极限的时候就会撑破，梦就是为处理这些信息而出现的。

《万叶集》时代的人，或许对梦和现实的区分并不明确，也就有了睡眠时灵魂出去游荡，枕头就成为这短暂时刻的"根据地"这种想法了吧。如果这么考虑的话，"タマ (tama) (灵魂)"和"クラ (kura) (仓库)"作为枕头的语源也就能理解了。

我想你想得这么多吗，我在梦里梦到你的枕头走了

尽管直接见面的日子不多，但是把枕头放在身边一定梦见你

折口信夫在《古代日本人的信仰生活》一书中是这样阐述的，《万叶集》时代的人们认为，对方的心意在遥远的旅途中也会通过枕头的变化来传达；人们相信旅途中的人的一部分魂魄会留在家里，当他回到家以后，就会和魂魄结合，所以在旅行中间，如果移动他家中的枕头或者床，他的魂魄就可能失去其栖身之地；如果旅行途中，枕头的影像总是在眼前浮现，那么人们就会认为这是一种旅途的人遇到危险的信号，而提高警惕。因此，才会出现例如对着枕头像对着自己爱的人那样说话；将出门在外的丈夫的枕头和自己的枕头靠在一起睡觉；相信如果夫妇共用一个枕头的话，将枕头的一端空出来睡觉，自己的灵魂就可以和丈夫的灵魂在枕头里相遇，而能在睡梦中相见等情形。这种信仰也体现在长期供奉阴膳，即在丈夫出行期间，妻子在家供奉一碗饭以祈求丈夫平安的习俗中。

通过在《万叶集》中查找枕头，我还发现了一些意想不到的事情。算数的九九歌在《万叶集》中已然存在。

初夜妻子的手枕，何故梦中没能相见呢

第十一卷中的这首和歌的大意是，我第一次为像小草一样的妻子以臂当枕，怎么能一夜都没能和妻子在梦中相见呢？真是可爱又让人无可奈何。

这里的"にくく (nikuku)"是以万叶假名"二八十一"的形式记载的。九九八十一，我因此意识到这应该是日本最古老的猜谜题，因而给身为万叶学者的朋友打电话，却被嘲笑道，这点小事

你怎么才知道啊。他说《万叶集》里还有以"十六"代表"しし(sisi)",以"二五"代表"とを(too)",以"二二"代表"し(si)"等例子。这件事着实让我感到震惊。《万叶集》时代的人就已经知道九九歌这件事,可以看作是日本文化先进的象征了。

摆放在枕头上的送别花

从我知道枕头也有很多不可思议的地方开始,到现在已经有35年的时间了。那时我还是学生,初次在考古学讲座上听樋口清之老师解说资料馆里的大柜子中间摆放的沉甸甸的黑色石头。

当时我的反应是,什么?这是枕头?古代人的头是石头做的吗!当时连做梦也没想到,我会从事枕头的研究。

国学院大学考古资料馆收藏的"石枕",是1945年在千叶县市原市姐崎町的二子冢古坟出土的。据说是附近的居民在挖松树根的时候发现的。除了这石枕以外,他们还挖出了短甲、铁箭、铁矛、马具等文物,随即将这些东西送到了樋口老师那里。

这个石枕是以质地优良的滑石制作而成,石头整体全部经过打磨,发着黑光,呈马蹄形。在石枕的上面中间位置,有一个深深刻进去的凹陷,这样人的后脑正好可以被完全包住。

枕头长24.6厘米、宽27厘米、高11.8厘米。在凹陷的周边有三层台阶,每一层台阶的侧面都用阴刻的手法雕刻有清晰、美丽的直弧文(参照卷首插图)。

所谓的直弧文,是指日本古坟时代使用的具有特殊构图的花纹图样,由直线与弧线交错连接组合而成,花纹本身带有一定的咒术意味。古时人们期待用它能紧系魂魄,从而抑制其四处游荡,是具有保护魂魄作用的,含有咒力的绳型花纹。

我想要关注的是这个石枕的构造。在三层台阶最下面的第一

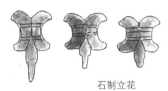

直弧文(三重县女娲古坟出土的黏土枕的背面图)

石制立花

石枕和立花(千叶县石神2号坟出土)

层台阶上,有6个几乎间隔距离相等的孔,孔里插有用和石枕同等质地的石材制作而成的,叫作"立花"的装饰物,出土时立花只遗存了两根。现在立花已被复原,6根都插在石枕上。

　　所谓的立花,是将两个扁平的勾形玉坠的背面粘贴在一起,再在其中间插入一个短的支柱制成的,这种将勾形玉坠用细绳连接起来的做法,也具有镇魂的咒力吧。因为勾形玉坠本身就是一种咒术工具,将它进一步组合起来是期待其发挥更强大的咒力吧!有一种说法是,花是立着插在石枕上的。所以才将其命名为"立花"。

　　立花和石枕一同出土的情况有10例,像在茨城县常陆镜冢等地那样,没有石枕出土而仅仅出土立花的也有3例。另外,为什么在日本东半部出土的石枕上,多数都带有很可能是用来安插立花的孔洞呢?

一个石枕上的立花有6根到20根不等，果真是有在死者的头边立上花或者供奉杨桐的风习吗？因此我想起了在《日本书纪》第一卷中记载的，伊邪那美命在生完火神死去后，葬在了纪伊国熊野的有马村，当地人为了祭奠这位神灵的魂魄，在花开的时节就带着花去祭祀，因为当时有用花镇魂的信仰。

日本人爱花的历史也已经很古老了。美国哥伦比亚大学的索莱齐博士，于1960年对位于伊拉克和土耳其边境附近的沙尼达鲁村的石灰岩洞窟进行发掘，发现了尼安德特人的骨化石。作为参考他还将骨骼周围的土壤取样采集，并送到了巴黎的古植物研究学者那里，从而发现了考古学上史无前例的、足以改写花的历史的事实。

数量众多的菊科和百合科的花粉被加以分析。做分析的露洛亚·格朗夫人的结论是，在6万年前的旧石器时代的五月下旬或六月初的某一天，悲痛于某一人死去的人们，采集了蓝芙蓉、锯草、蜀葵、洋水仙等花安放在死者的遗体旁将其埋葬。

这说明当时的尼安德特人已经感受到了花的美丽，并怀有能够共同分享花的美丽的心情了。进化生物学研究所的汤浅浩史老师告诉我说，实际上人类与花的渊源是很久远的。

迄今为止，东京国立博物馆学艺部考古科的安藤孝一先生教了我很多东西，他说虽然立花名叫立花，但也不能就此断言说它实际上就是插花的东西。到目前为止，在石枕上插着立花出土的情况还一例都没有，立花全都是在石枕的周围散布着的。但是，在石枕下面出土立花的例子倒是存在，这应该是在埋葬的时候将立花撒在石枕下面形成的。如果就那样插着立花睡觉的话，不仅立花可能会折断，还可能会导致头疼甚至受伤。更何况如果在石枕的上面装饰花或者杨桐的话，头就不能动了。这样说来，这种石枕可能不是生前使用的,而是一种附葬用品吧!

那么,为什么出土的立花是从石枕上被摘下来的呢? 安藤先生结合古文献和沼泽丰氏的报告,做出了以下推论。古时人死后,停丧(死后到下葬的这段时间)期间,要在死者的头边安插立花,这样在表现死者威仪的同时,从把那种特殊的勾形玉坠的背面用细绳扎起来的形状推断,也有一定的咒术作用。然后到了下葬的时候,再将立花从石枕上拔下来撒在石枕的下面,这样很可能有招魂的作用。另外,还有那种与石枕上孔洞数目相当的立花没被全部发现的情况,这也许是因为当时的人们认为,在下葬的时候没有必要将停丧期间使用的全部立花都附葬吧。

古墓中的石枕和黏土枕

或许活着的古代人也曾使用,但石枕主要还是作为古墓遗物被发现,北到群马县南到熊本县都有石枕出土。其中,千叶县的出土量居多,约占全国出土量的一半。1979年4月,在千叶县立房总风土记的一个叫作"丘"的博物馆,举办了一次主题为"日本的石枕"的展览。

此次展览展示了从日本全国汇集于此的58件石枕及3件黏土枕,是一次精彩的展览。

在日本,已知的石枕有100余件,因最近还在发掘,所以我想数量可能还会进一步增加。因为这些石枕的一览表具有专业性,所以详细的内容,我决定参照这次特别展览的图录和刊登在《月刊文化财》[一八六号、昭和五十四年(1979)号] 中的安藤孝一先生写的名为"古代的枕"这篇论文中的"古墓出土枕头一览表"。有这两本书作为参考,我就可以稍微严谨地解说石枕了。

从古坟发现石枕的记录最早见于元治元年(1864)。在国宝和重要文化遗产石枕一项下记载的，是关西大学所藏的出土于天理市涉谷的石枕，但它在那时似乎还没有被认定为枕头。

大约在明治二十三年（1890），出土于千叶县的4件石枕，被帝室博物馆作为石枕收入馆藏。进入昭和时代，京都大学的梅原末治先生进行了相关研究。战后是龟井正道先生等人的研究集大成，现在是安藤孝一先生等人在进行着大范围的研究。

所谓石枕，广义上是指石头制成的枕头，有镶在石棺内的，也有单独成个的。在石棺内凿刻的石枕，是将石棺的一端做高一层，只将承载头的部分挖出凹陷，在头的周围雕刻出低的边，也有做成够两人用大小的。这种造型，在四五世纪的割竹形石棺和舟形石棺中比较常见，六世纪上半叶以来的家形石棺中，只有一两例是这样的。而且，镶嵌在石棺里的石枕在日本西部地区，特别是九州地区比较多见。

像这种在石棺底部刻出的枕头，或是在横穴式石室的地板上刻出的凹陷的枕头，可以从中脱离出来，看成独立的石枕；除此之外，用黏土烧制而成的黏土枕或须惠器、土师器等土制的枕头，以及利用须惠器的杯和倒扣着摆放的须惠器的其中一部分制作而成的土器枕、黏土枕，乃至直接利用自然石制成的枕石（由于容易与石枕混淆，所以将未经加工的区别称之为枕石）等也都包含在石枕里。

虽说没必要非到大陆去探寻石枕的起源，但在日本东部地区与西部地区还是存有差异的。虽然也有例外，可是一般来说，东部地区较多的是形状复杂、用滑石或蛇纹岩等柔软的石材制成的单独的石枕，这也是日本东部地区石枕的特色。

日本西部地区则是在横穴的地板上或石棺上凿刻石枕，或者转用土器，较多的是形状单一的石枕。先前记述的伴有立花的石枕，也是在东部地区比较常见；相反，用红色颜料涂抹，则是西部地

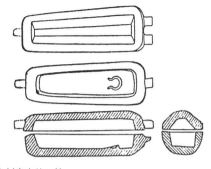

在石棺上刻出来的石枕
（上：熊本县院冢古坟出土，图出自《日本的石枕·图录》；
下：香川县远藤山古坟出土）

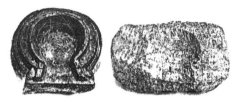

日本东西部的具有代表性的石枕（左：静冈县麓山神社
后古坟出土；右：兵库县下安仓古坟出土）

区的石枕更加引人注目之处，石材也多为砂岩和凝灰岩。这些所谓的区别，有石材供给的原因，是不是也有在东西部地区文化中，对枕头的认识有所不同的原因呢？不仅仅是枕头，东西部地区文化的比较研究，也是个很有意思的课题。

黏土枕至今已出土了5件。其中一件出土于天理市灯笼冢古墓，作为重要文化遗产被藤田美术馆收藏。其他的分别出自奈良县五条市的猫冢古墓，京都府竹野郡丹后町的产土山古墓，大阪府藤井寺市的青山遗迹，以及三重县志摩郡阿儿町志岛的女娲古墓。

青山遗迹出土的石枕，上面中央部位是类似凹陷的磨刀石一样的形状，长25厘米、宽8厘米。据说刚发掘出来的时候，曾被认作是磨薄了的磨刀石。形状和韩国的高丽青磁枕十分相似，普遍认为是五世纪初期平民使用的枕头。

志摩的女娲古墓出土的石枕是十分珍贵的，该怎么形容好呢？它又像椅子、又像香炉、又像穿着甲胄的土俑的一部分，从形状上判断根本想象不到是枕头（参照卷首插图）。它在昭和三十年代（1955~1965）出土的时候，人们也没有明确地判断出这到底是个什么东西。该石枕高23.8厘米、宽约30厘米。因为是从石室的深处，放置枕头的位置出土的，所以才被猜测是枕头。现在被陈列在阿儿町神明的阿儿图书馆做日常展示。背面的全部和头枕着的地方雕刻着直弧文，并涂以朱红色。尽管形状各异，但是雕刻直弧文和涂成朱红色这两点，与藤田美术馆的石枕类似，是适合做死者枕头的壮丽之物。

迄今为止，由于草枕和木枕容易腐蚀，所以从古墓出土的大多是石枕和黏土枕。但平成元年（1989）三月，在兵库县揖保郡御津町的权限山五十一号墓，出土了一个木制的涂朱红色的枕头。这是日本发现的最古老的木制枕头。

这座古墓建于三世纪后半叶，是曾出土过五面被称为"卑弥呼镜"的三角形神兽镜的最古老的前方后方墓。这个竖穴式石室的割竹形木棺里，头朝北埋葬着一个人，枕头被放在了头部与胸部中间的位置。

根据报纸的报道，这个木枕长约50厘米、宽30厘米，上面粘着一个用贝壳制作的纺锤车形装饰品，承载头部的地方是凹陷进去的，枕头全身被涂成了朱红色。

唐代诗人葛生的挽歌里，有"角枕，金光灿灿"这样对棺材中

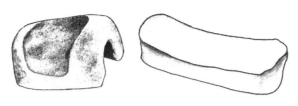

黏土枕（左：奈良县猫冢古坟出土；右：大阪府青山遗迹出土）

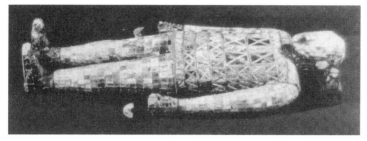

刘胜夫人的金缕玉衣和角枕（前汉时代）

韩国王妃的木质头枕
（百济，6世纪，武宁王陵出土）

的人的姿态的描述。我曾经看见过河北省满城县陵山出土的，西汉时代（前二世纪）穿着金缕玉衣的刘胜和他夫人的遗体的照片，他们枕着漂亮的角枕，的确是"角枕，金光灿灿"。

还有韩国的国立公州博物馆藏的，百济的六世纪的武宁王陵出土的头枕和足座，这是把被葬者的头和双脚垫起来的枕头样的东西。U字形的头枕是王妃用的，全部涂上了朱红漆，上面雕刻着龟甲文，在枕头的上部有两只木制的，貌似凤凰的鸟相对而立。

不同地方出土的，作为古代附葬品的枕头的材质是有差别的。但是考虑到死者将永远地离去，为了安置作为人体最重要的部位，同时也是寄宿崇高灵魂的头部，古代人在制作枕头时使用了既华丽而又加入了咒术的技法，这点让我钦佩不已。想到这里，就会理解把枕头作为灵魂的寄宿"（タマ (tama)（霊）クラ (kura)（倉）］"这一语源的合理性了。

国宝和重要文物的枕头

枕头，那么不起眼的东西！如此不把枕头当回事是不行的。

枕头中也有十几件在国家的文物保护审议会上，被认定为在历史上、艺术上具有重要价值，并作为保护对象，被指定为国宝和文物。

之前记述的国学院大学的"石枕"就是其中之一。之所以模糊地说成十几件，是因为有的枕头保存不够完整只剩下了残件；有的枕头是在古墓的石棺内凿刻而成的；有的是民俗资料中一并被包含在其中的枕头等等。

与国学院大学考古学资料馆收藏的石枕齐名的，另一个作为文物的是关西大学收藏的奈良县天理市柳本町涉谷出土的石枕。此枕长31厘米、宽30.3厘米、高13.6厘米。虽被认为是由碧玉制成的，不过其原料应该是蛇纹岩。泛着暗绿色的光泽，十分漂亮。

这也是一个马蹄形的扁平石枕，表面的中央部分是凹陷的，石枕上有竹节形的雕刻，周边雕刻有锯齿纹，没有附带立花。据传，这是每日新闻社原社长，已故的本山彦一（号松荫）的收藏品，也有传言说这件石枕是从景行天皇的皇陵出土的。关西大学是在末永雅雄博士的斡旋下，战后不久将这个石枕收藏为包含其他十六件重点文物的"本山收藏"中的一件。

如果把之前记述的国学院大学收藏的石枕，看作是日本东部地区出土的，附带立花的相当于相扑运动员最高等级的横纲级别的石枕的话，那么关西大学收藏的这个，虽然制作简单，但也可以算作是不带立花的，日本西部地区的横纲级别的石枕了。

枕头作为单品被认定为文物的还有一件。那就是大阪市的藤田美术馆收藏的，黏土制的枕头。

这也是个埋葬死者时使用的枕头，是采用与制作土俑相同的赤色素烧方法制成的，枕头全部被涂成朱红色，既漂亮又珍贵。该如何表述好呢？虽然它是用素烧陶器那样的粗糙材质制成，但却有紧闭尖锐的形状，上面还刻有锯齿文和直弧文等细的几何学图案，就连承载头部的地方刻出的圆形凹陷的工整程度，也可以体现出工匠精湛的工艺感。

一度有传言说这个枕头是垂仁陵出土的，后被证实是在明治二十九年 (1896)，于奈良县天理市中山町字灯笼山的大和古墓群之一、位于崇神陵东北方向的、全长足有110米的前方后圆型墓——灯笼冢古墓出土的。

枕头长31.4厘米、宽28.9厘米、高8.5厘米。制作时间大概是四世纪后半叶。被涂成朱红色是因为有除魔的习俗吧。

还有一件，是在奈良县生驹郡斑鸠町龙田的御坊山三号墓出土的珍贵的琥珀制的枕头，与其他遗物种类一起被认定为文物。

这个枕头是在陶棺里的头骨下出土的，由于挖掘时被破坏，现存的是由15余块残片粘合起来复原的。枕头长18.2厘米、宽9.6厘米、高4.5厘米，重420克。尺寸大约只相当于人头部的一半大小，因其不稳定的形状，所以仅仅被看作是一件把遗体的头部垫起来，固定用的殡葬用具。

琥珀在古代中国被认为是，老虎死后灵魂在地下逐渐转化成

石枕（重要文化遗产，关西大学收藏；右：枕头上面）

黏土枕（枕头全部涂成朱红色，重要文化遗产，
藤田美术馆收藏；上：枕头上面，中：枕头背
面，下：枕头侧面）

出土的和复原的琥珀制的枕头
（重要文化遗产，橿原考古学研究所提供）

的石头物件。虽然我也很想说老虎死后不只剩下皮，还能留下美丽的琥珀，但实际上琥珀是松树、杉树、柏树等的树脂，在地下埋了几千年之后形成的。在日本，琥珀的主要产地是千叶县铫子市的犬吠崎附近和岩手县久慈市附近。根据最近的研究表明，这个琥珀枕是久慈产的。据说通过红外线光谱分析，根据碳的同位元素特性，可以推测出它的产地。那么，把这么大的琥珀从东北运到大和来做枕头的贵族究竟是什么人呢？

现在我们将时间推移到平安时代。

在岩手县平泉町的中尊寺内，流传有一件紫色平纹丝绸包裹着的枕头和一件白色平纹丝绸包裹着的枕头，以及一件枕头的芯木。很早以前我就曾经到这里参观过，当时对这样的破枕头会被认定为文物而感到非常震惊。听了说明之后才知道，原来这都是非常珍贵的东西。

根据檩木上的铭文记载，中尊寺的金色堂是天治元年(1124)建成的，内外全部刷了漆贴了金箔，如您所知是华丽的国宝。在这个金色堂佛坛的中央，摆放着收纳了藤原清衡(1056~1128)遗体(干尸)的贴着金箔的木棺，木棺中有附葬品和紫色平纹丝绸包裹的枕头。

枕头的尺寸是长47厘米、宽约19厘米。在两层羽毛外，包有紫色的平纹丝绸，枕头芯里好像还装入了丝绸和棉花，历经860年的岁月，如今看似已经坏掉了。

西北坛的干尸藤原基衡的白色平纹丝绸包裹的枕头，长34.5厘米、宽13.6厘米，用了两层白色的平纹丝绸，将一面的边缘和底部缝合做成长方形的袋子，向里面填充稗子后将口塞住，再将两端的三角形在中央缝合起来形成括枕。现在复原成里面填充棉花的枕头，形状虽然很规则，但是表面的丝绸已经腐烂了。

都说西南坛的是藤原秀衡的遗体。这个枕头已经完全腐坏了，只剩下宽24.2厘米、高13.6厘米的枕头的芯木。

将这个芯木放在里面，再塞些填充物，在外面套上布后缝制好，就制成了布套枕。《伴大纳言绘词》和《法然上人绘传》等画卷里都画过同样形状的枕头。这几样东西没有作为枕头被单独指定，而是包含在附葬品一类里被指定为文物的，像这样作为文物的枕头另外还有。

京都市东山区下河原町的高台寺，有一个带貘花纹图样的点缀着草花图案的带泥金画的漂亮枕头，这个枕头是十六世纪末、桃山时代14种带泥金画的家具当中的一件。让我吃惊的是，这是丰臣秀吉和其妻北政所（高台院）生前喜欢用的枕头。

枕头的尺寸是，长33.3厘米、宽12.4厘米、高10.6厘米。

祭祀秀吉夫妻的高台寺的佛龛和佛坛上，摆放着绘有华丽泥金画的衣橱、书库、酒壶、调料盒、手巾挂和灯笼等，枕头上也绘有金粉漆泥金画，运用金星漆泥金画的手法绘制了据说能吃掉噩梦的貘和秋天的菊花，这就是所谓的高台寺带泥金画的枕头。

"初音"这个命名的构思，来自《源氏物语》初音一帖的和歌"我爱上你也等你好久了，今天就让我听你那像莺初啼似的声音吧"中传达出的意境，也是被称作是一看着它就连天黑都会忘记的"日常家具"中的一件。

这件制作于德川幕府鼎盛时期的枕头，在当时自然是极尽奢华的，即便至今在日本带泥金画的制品中，它也是运用了最高工艺制作而成的，日本最豪华的枕头。

另外，还有几个被列为民俗资料和考古学资料的、被指定为文物的枕头。如三重县鸟羽市海博物馆收藏的、归属在渔业民俗资料分类下的渔民在船上使用的几件箱枕，以及石川县立乡土资料

藤原清衡的枕头
（虽已破烂不堪但却是重要文化遗产）

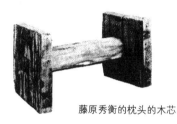

藤原基衡的白色平纹丝绸包裹的枕头

藤原秀衡的枕头的木芯

北政所的枕头（侧面是貘图案的泥
金画，重要文化遗产，高台寺收藏）

馆收藏的、列属白山山麓地区民俗资料分类下的几件简易木枕等。

藤原镰足的玉枕

　　昭和六十二年（1987）十一月三日文化日当天，全国各大报纸的早报，都在头版头条刊发了题为"棺材的主人是藤原镰足——大阪府的阿武山古墓"的报道，同时还附上了复原后的玉枕照片。此外，各大电视台也从早到晚，以特别节目的形式报道了这件事。

我在讲谈社出版《枕头的文化史》的时间是昭和六十年(1985)十一月。当时也记述了关于镰足的玉枕的事情,虽然当时最权威的是镰足论,但由于那时还不知道冠的存在,所以也有人说这件枕头就是最高位的冠位。我自己也觉得这件玉枕还有进一步研究的价值,所以当时就说先把这件枕头当作一个历史之谜遗留在那吧。

不过,那时就已经明确了这是枕头。这在枕头的历史上,可以说是这十年间最大的一个话题了。

把话题稍微退回到以前,那是昭和九年(1934)四月的事。在大阪府茨木市阿武山的山腰处,修建京都大学地震观测所的时候,从地下挖出了类似修建古墓所使用的石头,进一步挖掘便挖出了一个壮观的石室,石室里有一个干漆的棺材。

干漆也称为夹苧,是一种不把漆与涂料混合,而是与麻布或木屎(纤维屑、木屑等与漆混合后形成的东西)混合后做成黏合剂,用来做坚固的器物或者造像,这种技法在中国的汉代、日本的奈良时代十分盛行,多用于制作佛像等高级品。在文献上记载这种技法被用于制作棺材的,是圣德太子和他妃子的棺材,发现残片的只有奈良县高市郡的牵牛子冢一处。这种技法应用在乐器或者餐具上的倒还常见,但是能将这种高价的漆面技术用在巨大棺材上的,必定是一位身世显赫的贵人。所以京都大学考古学的老师们,本以为这个棺材里一定会有非常珍贵的附葬品而激动不已,但是里面却只有一件被称作"玉枕"的东西。

昭和十一年(1936)的《摄津阿武山古墓调查报告》上有这样的记载,京都大学的梅原末治博士说,"用手电筒的灯光照亮棺材内部向里窥视的瞬间,映入眼帘的是在树根草根间躺卧着的遗骸。遗体是头向南伸展着埋葬的,一些布帛尚有遗存并保留着埋葬时的状态。虽然被一种庄严的气氛所感染，但是之后却基本没有发现什么附葬品，遗存的只有头部附近的一件枕头样的隆起物和从头盖延伸到枕头上的一些金线，因此当时就有一种期待落空了的感觉。"

之前就流传着这个地方曾经是藤原镰足 (614~669) 的领地，所以他的墓应该也在这里的说法。在《多武峰缘起》这本书里有"镰足被葬在了摄津阿威山"这样的记载。《元亨译书》和《摄津名所图会》里，也记载有镰足古庙和大织冠神社的名字。古代这里是靛青染料的产地，在昭和二十九年 (1954) 划归茨木市管辖之前被称作三岛郡安威村，阿武山也被包含在阿威山内。发现这个墓的志田顺博士凭直觉判断，这里正是藤原镰足之墓。

可是志田博士是地震学家而不是考古学专家，所以才由梅原博士等人继续进行调查。由于受到报纸上报道的"缠着金线的贵人干尸"这一内容的吸引，十天内就有多达两万人涌入现场参观。而且，这个可能是镰足或是更高贵的天皇的墓，这种传闻也在坊间流传开来。内务省发现事态日趋严重，就宣称"科学调查是对遗体的不敬"，还动员了宪兵队禁止人们进入现场，然后又将墓穴重新埋了起来。

那么，关于这件玉枕，报告书上是这样记载的，"这样一件史无前例的珍贵之物，让人十分感兴趣。从上面看，它的外形是和现在的方头枕相似的一尺多长的筒状，表面是用平织的薄丝绸制成的十分简单的枕头，但它的内部却与外观相反十分复杂，是由金属丝连接起来的大小数百个玻璃玉组成。从这点看，玉枕也具有与其名字相称的特性。该枕构成的玉有大小两种，一种是深蓝色的，直径一寸多，呈球形，重达45.6克，而且还有一个比例稍大的孔从一头穿到另一头。另一种是总数多达四百有余的小玉 (直径二、三

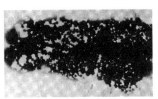

藤原镰足的玉枕和玉枕的X线照片（从调查报告书中摘录）；下面的是镰足的干漆棺材，玉枕就在这个棺材里被发现

分)，虽然中间也有与那种稍大的玉相似的蓝色的，但大多数是草绿色的气泡多的种类，与普通古墓出土的小玉风韵略有不同，反而和正仓院的皇室珍藏品中遗存下来的玉有很多相似之处"。另外，"虽然不时会在古墓中发现枕头类的东西及在棺材上凿刻出来的枕头，但它们每一件枕头在承载头部的地方雕刻的图案都与这件枕头的形状完全不同"。还有，"从常识出发考虑，或者站在实用的立场上看待这件枕头，虽然乍一看上去很难理解，但我们可以把它看作是高于实用性的，反映了时代发展的文物，或者是在禁止使用附葬品的'薄葬令'风潮下，秘密制作的玉枕"。

玉枕这种用玉装饰的枕头中国也有，王维和王昌龄的诗中都曾出现过。那是一种承载了凤凰会栖息在夜光枕头上这样一个梦的玉枕，或许曾经确实存在古代贵族使用过的玉石枕。不过，在中国玉枕也被用于朱子父亲喜爱的福建省的山名、后脑勺突起的骨头名、味道很好的白薯的别名、还有玉枕疽这种指代疖子病的说法，而这些与作枕头使用的玉枕完全没有关系，所以就不多说了。

关于中国的玉石，在本套丛书中的《鲍》这本书里有更为详细的记述。玉是权威的象征，是礼品中最高级的赠品，也常加在美丽的东西和贵重的东西之前做接头词，据说喝了玉的粉末就会长生不老。也有传言说，人死前喝玉粉尸体就不会腐烂，而因为玉具有守护尸体的灵力，所以会有人在棺材中放入玉器，后来发展到用软玉片缝制成包裹尸体的玉衣。中国当然也有玉制的枕头，但那是用翡翠等玉石制作的石枕。虽然梅原博士所认定的枕头，因为是由玻璃制成的所以命名为玉枕，但与中国的玉枕是完全不同的种类。

将银丝穿成筒状后镶嵌四百多个宝石，再用多层丝绸包裹起来。有如此不可思议的枕头吗？这或许不是枕头而是冠，而且是藤原镰足临终前天智天皇授予他的大织冠，做以上推理的是哲学家梅原猛先生（《梅原猛著作集9　塔》集英社）。这是很有趣的推理。但是昭和五十七年（1982），在这个古墓和棺材内部秘密拍摄的未公开的照片的原版被发现了。

在这之前只有报告书上附着的X光照片和其他几张照片，后来又发生了战争，半个世纪间这个古墓的事情被大家遗忘了。但是，朝日广播的记者牟田口章人，听说了在发掘时由志田博士拍摄的照片被保存下来了这件事后发表特讯声称，用柯达胶卷拍摄的X光照片和36张大型相机的感光玻璃板照片原版被发现了。好像是在地震观测所仓库的一个小房间里发现的。

照片由于被长时间放置所以损毁严重，故成立了以京都大学为中心的专业小组，进行照片的修复及画像解析工作，经过近六年时间的调查研究才将照片公布了出来。

在半世纪以前的昭和九年 (1934)，人们得花费多大的努力才能把X光的大型装置运到山上去啊！而且，这可能也是世界范围内最早在考古学上使用X光技术的。研究小组把那个照片和现在尖端的高科技电脑画像解析结合起来，确认了玉枕确实是枕头，也确认了金线刺绣的大织冠另有存在。同时也证实了这就是大化革新时期的活跃人物——藤原镰足的墓。

这个玉枕也就是玻璃的枕头，多亏了在京都大学考古学教室的器皿中保存了5个玻璃球的样本，奈良国立文物研究所的猪熊兼胜等人才能进行调查，并在后来由玻璃工艺的顶尖工匠由水常雄制作了复制品 (参照卷首插图)。听说在复原这个枕头时，由水常雄对古代工匠的技术水准之高感到十分震惊 (《复活了的古代木乃伊——藤原镰足》1998　小学馆)。

同样用玻璃玉做成的枕头，还有平成六年 (1994) 二月在大阪府岸和田市池尻町的风吹山古墓出土的那件。

五世纪前半叶的帆立贝形古墓中出土了一个木棺，有大约一万个发着钴蓝色和绿色光辉的、直径大约3毫米的玻璃玉石和银制的空玉集中在木棺的头部，呈带状扩展开来。教育委员会公布说，这很可能是用线连起来做成的，或缝在长方形的布上做成的贵族的枕头套。这个迟早也会被仔细研究吧！

圣武天皇和图坦卡蒙法老的枕头

在东大寺的大佛开光仪式举办4年之后的天平胜宝八年 (756) 五月二日，圣武天皇驾崩了。光明皇太后在其去世49天的祭奠仪式上，将天皇在宫廷里日常使用的各种物品，共六百几十件都敬献给了大佛，以为天皇祈祷冥福。

那个捐献目录现今在正仓院里作为"国家珍宝账本"予以保存。长达14.7米的卷轴的邻近卷末处有关于枕头的记载。"白软绸绫子大枕头一个、采用交缬染法的绫罗带子三条"。

这些东西和挟轼等一起被装进了两个柜子里,而当时装贵重宝物的柜子有大约50个。可是经过漫长的历史沿革,现在尚存的宝物只剩不到五分之一的一百几十个了。看丢失物品清单,可以知道那其中包括唐代大刀50口,唐代的屏风十几个,欧阳询、王羲之、王献之的真迹等,幸好枕头在北仓中保存了下来,只是附带的三条带子已经丢失了。

这个大枕头呈长方的箱形,底部长67.7厘米、宽33厘米、高28.5厘米,是个名副其实的大枕头。

身为第四十五代天皇的圣武天皇或许是位高大的人物,但是作为当时的枕头确实有点过大、过高了。所以虽然被记载为大枕头,但是有人认为这不是枕头而是扶手。如果确实是用来把肘部放上去倚靠的东西那就是后世的扶手了。

可是和这个大枕头一同收入柜子的是"御用轼两张,一张是紫色带有凤凰图案的,一张是带有长斑点图案的,紫檀木的挟轼一个,白色绫罗褥子"。

轼和挟轼用途相同,相当于现在的扶手。值得注意的是"凤凰锦御轼"和大枕头形状相同,长78.2厘米,只比大枕头长10厘米;高约20厘米,只比大枕头低了8厘米。这么看,它还是用来做枕头尺寸更合适一些。

紫檀木的挟轼长度在1米以上,高33.5厘米。和我端坐在这,执笔写这本书使用的桌子基本同样高,所以用来做扶手正好合适。把它放在腋下,还不如放在膝盖前用来倚靠好。

不过把大枕头当作扶手用有点不够高,何况20厘米高的织锦的

圣武天皇的白软绸大枕头

带有凤凰图案的御用织锦轼和它的图案

图坦卡蒙的枕头

御用轼只能考虑是在躺着的时候倚靠用的了。在描写觉如上人一生的作品《慕归绘词》(1351年完成)里，有上人在病床上将自己的身体倚靠在与轼同样的东西上的场景。或许当时，轼就是这样使用的。

　　这些东西被收纳在同一个柜子里，因此可以认为它们具有同样的用途。特别是大枕头布的质地和挟轼的布套都是一样的白色斜纹布，因为斜纹的方向不同，所以我想这些应该是扶手的一整套。但是在正仓院还收藏着圣武天皇生前喜爱的床。它是以"御床两张"的形式被记载在《国家珍宝账本》的最末尾。那个时代的床指的是床铺，在那上面铺上榻榻米和褥子，把衣服作为被子。

圣武天皇是在床上休息的。我认为大枕头和"凤凰锦御轼"都是在床上使用的枕头。令人感到遗憾的是，那三条带子没有遗留下来，无法更清楚地弄明白它们的用途。

在中国有和这个十分相似的东西，那就是长沙马王堆一号汉墓出土的刺绣的枕头。这个枕头长45厘米、宽10.5厘米、高12厘米，同样是将长方形的布缝合起来制作而成的。这个刺绣上的图案是什么我不太清楚，不过正仓院的织锦是紫色底的，围绕着凤凰的蔓草图案浮现出来的地方是白色的，其他有些地方则织出了绿色和红色，是件很高雅的东西。而且我们看得出来遥远丝绸之路带来的浓厚影响。

如果说东方一千二百年前的御用枕头留存至今，那么西方三千年前的古代埃及王图坦卡蒙的枕头也仍然存在。

在尼罗河畔诞生的古代埃及文明，相信死后世界的存在。所以，国王的墓里留有大量的遗物，这其中最有名的是第十八王朝的国王图坦卡蒙。

这位国王在公元前1352年，年仅18岁时早逝。虽然他并不是一位特别伟大的国王，但1922年，英国考古学家霍华德·卡特在皇家的山谷深处，发现了几乎没有被盗挖过的这位国王的墓，因墓里遗留了以黄金面具为首的近两千件夺目的金银财宝的附葬品，而名声大振。

埃及博物馆收藏的这些附葬品，都是穷尽当时最高工艺技术制造出来的既豪华绚烂又纤细优美的物品，也彰显了国王至高无上的权力。在纯金制的重达134公斤的人型棺材里，完好无损地保存着鸵鸟羽毛制成的扇子等生活用具，这也让世人震惊不已。特别是图坦卡蒙的家具，从宝座到床铺、小凳子，都十分精巧，枕头也是其中之一。

图坦卡蒙的枕头是象牙制成的。从照片上看来好像是一个折叠式的小凳子,高20厘米,尺寸略小,是以凳子为模型做成的枕头。

承载头的部分是用带状的东西做成的,涂成了红黑相间的颜色。两端刻上了莲花花瓣的图案,侧面是一种奇怪的兽类伸着舌头。据说这是叫作贝斯的妊娠守护神的脸。如此看来,这很可能是王妃用的枕头。枕头的四只脚被奇妙地设计成了野鸭头的样式。

唐三彩的高级枕

所谓唐三彩,是七世纪左右中国唐朝时代,用鲜艳的黄褐色、绿色、白色等铅釉烧制的软质高级陶器。在唐朝都城长安附近出土较多的是,用来同死者共同埋葬的冥器。传到日本的唐三彩,主要见于正仓院的宝物和仅以近畿地方为中心的宫殿、寺院、高级官员使用的,在政府机关等遗迹挖掘出来的贵重陶器。

昭和四十一年(1966)九月,在位于奈良市的平成京左京的大安寺院内,这种唐三彩的枕头被稀里哗啦地挖了出来。

为了翻盖建在过去大安寺院内讲堂遗址上的大安寺小学校舍,而开始挖土动工的时候,在堆积的烧土中,发现了200多片唐三彩陶枕的碎片与大量的瓦和陶器等混在一起,将这些碎片复原后,形成了30几个枕头。

即使在中国,烧制唐三彩的窑迹也无可寻觅,因此唐三彩十分贵重。日本的唐三彩应该是遣唐使们带回来的。令人惊讶的是,那样高级的枕头竟有30多个。

即使在出产地中国,唐三彩大部分也都是冥器,枕头的存在并不引人注目。在那为数不多的唐三彩中,日本却出现了这么多唐三彩制的枕头,实在是不可思议的。我想遣唐使中或许有像我这样对枕头特别感兴趣的人，但根据九州大学冈崎敬的说法，设计大安寺的僧人道慈，在大宝二年 (702) 随遣唐使到过唐朝，养老二年 (718) 回国，因此这些枕头是他带回来的可能性比较大。

至今日本国内出土的唐三彩陶枕还包括在静冈县滨名郡可美村的律令时代郡衙遗迹、城山遗迹出土的，12 片残片复原做成的 3 个枕头。这种枕头上阴刻着两只水鸟相对而立的图案，长 12.2 厘米、宽 10 厘米、高 6.7 厘米，枕头上面有微微的凹陷，呈箱形。

另外，在福冈县筑紫郡太宰府町的藏司遗址的井里，也发现了和唐三彩同一手法的绞胎陶枕的小碎片；在京都车站八条口南侧的地铁工地，也发现了唐三彩的碎片；在爱知县猿投山古窑遗址，也发现了被认为是十一世纪的形状稍大的陶枕。在奈良市法华寺町的平城京左京二条二坊这个地方，发现了约两厘米长的小碎片；并且在平成三年，从群马县新田郡新田町的镜谷户遗迹的竖穴式住居遗址，发掘出了两块尺寸分别为 7.8×6.5 厘米、3.7×3 厘米的唐三彩残片。

为什么能确定那么小的碎片是枕头呢？虽然您会对此感到有些不解，但专家们是能够确认的。另外，虽然在日本也做出了一种名为奈良三彩的陶器，却始终没有制作过陶枕，因此即使是小的残片也能证实是唐三彩。

迄今为止只在畿内和九州出土过的唐三彩在群马县也被发现了，这条消息非常宝贵，立刻就被发表在了《文物月刊》(三四八号) 上，因此连我也知道了这件事情。在这个枕头上印有和奈良县大安寺同样的宝相华文。

大安寺发掘出来的枕头有大小两种，大的长边 13 厘米、短边 12 厘米、高 10 厘米，呈箱形。小的长边 10 厘米、短边 7~9 厘米，中间高不到 6 厘米。把小的拿来做枕头有点过于小了。

陶枕的破片（左：唐三彩，奈良县大安寺出土；右上：平安京出土，京都市埋藏文化遗产研究所收藏）

唐三彩鸳鸯图案的枕头（东京国立图书馆收藏）

大安寺出土的陶枕
（出自《考古学杂志》196期）

枕头上阴刻或印着花纹、唐草、宝相华文、相对而立的水鸟等图案。还有使用将白土和红土搅拌以后在平面涂上淡淡黄釉的绞胎陶制作的枕头。

稍后将要记述的作为伊势神宫神社宝物的天照大御神的枕头，就跟这种类型有关联，关于那个后面再仔细介绍。因为这些枕头是在寺庙出土的，所以被认为是和尚的枕头，可这些都是陶制的箱枕，再说又实在是太小，就有些难以理解了。

唐三彩的枕头也不全都是残片，日本国内还现存有十几个完整品。这十几个恐怕是枕头收藏界里最昂贵、最难入手的了。一个也许值数十万甚至数百万日元。不过因为这类枕头能够复制，所以如果有收藏打算的话请多加小心。

东京国立博物馆收藏的唐三彩鸳鸯文枕，长边是12厘米、短边是6厘米、高6厘米左右。虽说整体上唐代的枕头比宋代的相对小巧，但即便如此作为睡觉时将头垫起来的枕头，是不是有点过于小巧了呢？我难以想象30个和尚都用这么小的枕头睡觉。或许这是在长时间写经或者记录时，用来缓解手腕疲劳的腕枕吧。

尽管如此，如此高级的枕头能为群马县竖穴住居里的人们所有，也实在是不可思议。又一个枕头之谜诞生了。

各种各样的枕头（古代~中世）

作为寝具的枕头也算是一种消耗品，所以古老的实物遗存下来的为数不多，只有古代和中世时期，用石头或土等制成的枕头遗留了下来，要想了解除此之外的枕头，只有阅读文献这一种途径了。

如果将各种各样的枕头分类，大致可分为：① 按材质分类；② 按枕头里的填充物分类；③ 按用途分类；④ 按构造分类；⑤ 按装饰分类。

首先，试试按①的以材质为标准进行分类。

1. 把人身体的一部分作为枕头

手枕、腕枕、肱枕、膝枕。

在《万叶集》里面，即使都是手枕，也有用爱人的胳膊为枕头、男女在初夜使用的新婚手枕、异于寻常的人的异手枕等区别。

稻草枕（出自《图说 稻草文化》）

蒲枕（上，北海道白老·阿
伊努民族博物馆收藏）
灯心草枕（下，现代）

《论语》里有"子曰饭疏食饮水，曲肱而枕之，乐亦在其中矣"这样的句子用来称赞清贫的日子。这些是最自然的、原始的枕头。

2. 用草做成的枕头

草枕、菰枕、菅枕、茅枕、苇枕、细竹枕、矮竹枕、灯芯草枕、稻枕、蒲枕、凉席枕、草席枕、草垫枕，等等。

古代人可能直接将采集的野草扎成捆，不加工就当作枕头使用。因此他们会尽可能地选用头枕着合适、舒服的植物。他们要综合考虑材料的好用程度、耐久性、高度和大小等因素，另外由于使用时间长了可能会变形，还要考虑防止变形这个因素。

我认为，用柔软植物做成的枕头由于制作容易曾一度被广泛利用，不过后来逐渐被括枕所取代。在那个过程中，为了防止枕头变形，就出现了将两个木片用中间的木棒固定住作为枕芯的枕头。正仓院的圣武天皇的御用枕头和平泉中尊寺的藤原三代干尸的枕头，都属这种类型。

后来又产生了用草或者麦秆编制的枕头、用席子卷制成的枕头、用剁碎的稻秆或者稻皮填充进袋子然后将袋口封死做成的枕头等。当然，这是在布匹比较容易买到的时代的事情了。近代以来，被称作安培拉枕的枕头也是草席的枕头，安培拉是葡萄牙语，指的是莎草科的一种植物。

3. 用木材做成的枕头

正像汉字"枕"所表示的那样，木枕的历史应该是很古老的。最开始是将树根、树墩、圆木等切成圆片的圆木枕，后来为了让枕头枕着更稳定一些，就将圆木枕劈开，将四角和圆的地方加工得更漂亮些，再在枕头上做出一定的圆形或凹陷，渐渐就演变成了箱枕。

从《伴大纳言绘词》等画卷中可以得知，平安朝的贵族使用的多是这样的枕头，将四方的木头作为枕芯，然后外面包裹上麻布、丝绵或者粗制的绢布等，为了让头枕着的地方更柔软一些，还要在上部盖上织锦的绢布。对此我会在伊势神宫的宝物枕头那一节做详细地介绍。

木枕有时也会因其制作材料而被称为黄杨枕、桐枕、杉枕等。

被用来做枕头的木材主要有黄杨、榉树、杉树、梧桐、桑树、南天竹等，比较高级的是白檀和中国南方产的一种叫作沉香的香木。在文献里有，用樟木做的枕头最初有一种香气，不过时间长了对人的头不好，这样的记载。可见古代人对于用什么样的材料做枕头最好这件事应该也考虑了很多。竹子和藤做成的枕头稍后再做介绍。

4. 用石头或土做成的枕头

如前所述，用石头和黏土制成的枕头是在死者葬礼上使用的，而活着的人是如何将它作为实用品使用的至今还是个疑问。不过

杉木枕
（左：石川县白峰村）
（右：神宫农业馆收藏）

外面粘着布的木枕
（《法然上人绘传》）

上古时代的人们确实是使用石枕的，随着时代的进步人们才逐渐改为使用瓦枕或陶器枕。特别是陶枕，是在奈良时代从中国传来的，也被称作唐枕、碗枕，是文人或者夏天午睡时使用的枕头，这个后面还会接触到。

5. 其他材料做成的枕头

把时代限定为古代到中世，进行枕头的分类实在是很困难。枕头虽然会根据各个时代的生活方式、特别是发型的变化而变迁，但因为是一直使用的东西，所以无法断定什么材质的枕头是从哪个时代开始使用的。

在中国的古文献中，有关于玉枕、翡翠枕、珊瑚枕、琥珀枕、玛瑙枕、水晶枕、金枕、文石枕、景泰蓝枕、螺钿枕、石膏枕、漆枕、角枕、皮枕、纸枕、刺绣枕等的记载。日本虽然没有关于古代皮枕的记录，但是也可以据此推测日本古代曾经存在过皮制的枕头。

虽然平成元年 (1989) 在兵库县御津町的古墓出土了一个被涂成朱红色的木枕头，但之后一般庶民使用的古代的草枕和木枕依然少有被发掘的例子。可是因为近年来随着考古学的进步，茨城县新治村出土了打了发髻的男孩的头发、法隆寺出土了飞鸟时代的被子、石川县凤至郡的真胁遗址出土了大约5000年前的绳纹前期的木制编筐、青森市的绳纹遗迹出土了毫无腐坏的古代资料，所以我觉得，在不久的将来平民使用的枕头也一定会被发现，我期待着这一天的到来。

就在最近，据新闻报道，在福冈县朝仓郡夜须町的惣利遗址出土了疑似弥生时代的木枕。该枕类似儿童凳子的形状，因为头枕上去正合适，教育委员会推测这是个枕头。如果真是这样的话，那这就是比邪马台国还古老的木枕了。

枕词与歌枕

在《万叶集》里，"旅行"这个词会与"草枕"这个枕词 (枕这个单词) 相伴出场。

枕词是在一定的语句之上固定添加的，与和歌整体的中心思想没有直接联系，添加枕词是为了调整韵律，刺激比喻和联想，以塑造和歌的整体风韵。

旅行就是在山里席地而睡　　　**片冈秀树**

枕头的枕词是"しきたへの (shikitaeno)"。敷栲 (shikitae)、敷妙是指床上铺的床单。

栲是用桑树科的植物楮木或者葡蟠类的纤维制成的很久以前的布。近代以来栲基本不被使用，但却出现在《延喜式》中。而伊势神宫如今还在使用和妙 (绢布)、慌妙 (麻布) 等词语。

"しきたえ (shikitae)"的意思是床上铺的布，所以，作为寝具

被使用的床、枕头、手枕、衣服、袖子，或者从床联想到的家，甚至进一步联想的黑发，"しきたえ"(shikitae) 都可以看成是它们的枕词。看起来"しきたえ"(shikitae) 似乎和黑发没什么关系，这可能是从长发散铺在头下面这个印象联想到的吧。

"こもまくら (komomakura)"(薦枕、菰枕) 是和"たか (taka)"(高) 联系在一起的枕词。从菰枕比较高这个意思出发，与高桥、多珂国、高日子之命等地名和神名联系起来，从表示动作的枕这个意思出发，后接"し (shi)"，就变成了"こもまくら (komomakura) 漆沼"(地名)，"枕付く (makuratuku)"是和"つま (tuma)"相关联的枕词。

枕头几乎没有别名或方言叫法。不过在女房词里枕头被称作"しきたえ (shikitae)"，元禄五年出版的《女中词》里有"おしきたえ (oshikitae) 是指枕头"这样的记述。而这当然是由枕头的枕词转化而来。

平安朝的和歌世界里有"歌枕"存在。

歌枕是指每每作歌的时候，必须吟咏的特定的地名、名胜，是一个包括歌题、序词、枕词等的广义术语。

在古典和歌里，并不是什么地名都可以吟咏的，对应和歌的特定的地名是被规定好了的。吉野对应樱花、龙田对应红叶，像这样的吟咏内容已经固定化，熟知这些歌枕也被看作是有文化的一种体现。而且由于《能因歌枕》或《歌枕名寄》等书里列出了那些名胜并加以解说，因此到和歌吟咏的名胜去游览也被称为歌枕。

折口信夫认为，在古代信仰里枕头是神灵寄宿的地方，是作为等待降下神谕的神灵下凡的器具，神灵会在枕头里临时停留。而由于词章毓秀的和歌中加入了被称为和歌生命标志的枕词和歌枕，它们又通过使用多为称赞名胜的固有名词，使和歌成为祝国词或祝歌，这样一来，那片土地的神灵就会寄居在词章的枕词部分。

因为我把第一章命名为春天黎明的《枕草子》，所以不提及清少纳言是不行的。

因"春天是黎明的时候最好"而被熟知的这部散文集，为何要用"枕"进行修饰呢？根据作者在卷末后记里对书名由来的解释，我想或许是因为"这个是枕头吧"，但日本文学家们至今还没有解释清楚为什么那是枕头。

关于《枕草子》书名的由来，自古以来众说纷纭，很有意思。有说枕是指口头禅、是指日常知识，或许因为这本书是只摘录了清少纳言日记里日常生活部分的散文集（册子），所以《枕草子》最重要的内容是训诫的部分；有说是时刻带在身边的"枕头的书"的意思；有说因为枕头是不能让人看见的，这本书也代表秘密收藏的册子；有说出自《白氏文集》的"白头老监枕书眠"等。

第二章

夏天　午睡的陶枕

菖蒲枕头

五月晴朗的天空中，风车哗啦哗啦地转动，鲤鱼旗在新绿的映衬下随风飘舞，我们迎来了端午这个传统节日。

"端午"原指每月的第一个午日，但因为日语中"午"和"五"同音，所以端午节就定在了五月五日。自古以来，端午节作为菖蒲的节日，各地有着与菖蒲相关的各种各样的习俗。如菖蒲浴、菖蒲醋、菖蒲酒、菖蒲头巾、头盔、刀、打菖蒲、用菖蒲占卜、菖蒲绣球、菖蒲浴衣、单衣、在屋檐上铺菖蒲，另外还有菖蒲枕头等。

所谓菖蒲枕头，就是在五月五日端午节的晚上，作为一种祛除邪气的手段，将菖蒲的叶切短，然后用薄纸包住铺在枕头下的东西。它也被称作水菖蒲枕。但菖蒲和水菖蒲到底有什么区别呢？虽然按照植物学的分类方法两者确实有区别，但它们都是水菖蒲或燕子花。据说古代人就把菖蒲称为水菖蒲。

在中国古代，五月被认为是恶月，因此在这个月人们有小心翼翼生活的习惯。在《荆楚岁时记》这本记载六世纪楚地 (湖北、湖南地区) 每年例行活动的书当中,记载了当时人们在五月为了消灾到野外采集药草、为了避邪在门口插上用艾蒿做成的人偶、喝浸泡过菖蒲的酒等习俗。

在日本,人们称五月为"斋戒的五月",是与插秧一起实施斋戒的季节,并引入中国古代的习俗。到了武士时代,因为日语中菖蒲和尚武同音,五月五日就成了与三月三日女儿节相对的祈祷男子出人头地的节日,并因此加入了现如今端午节陈设的武士人偶和鲤鱼旗等元素。

据推测,菖蒲枕的习俗恐怕是平安时代开始推广开来的。在镰仓时代的《吾妻镜》一书中有这样的记载,嘉祯四年 (1238) 五月四日,到了晚上将军家进献的镶嵌金银的菖蒲枕和扇子等会被奉送到朝臣家里;《续拾遗和歌集》里也有这样的和歌,"因为是只枕一晚的菖蒲枕头,所以梦也做不到最后"。

把菖蒲铺在枕头下面这种习俗,主要原因还是像《荆楚岁时记》里记载的那样,菖蒲在中国古代的传说里是一种驱除邪气、恶鬼的药草。其中就有这样一个传说,平舒王在杀死了臣下后,那个大臣的灵魂变成了毒蛇危害人间,于是平舒王把菖蒲的叶做成蛇的形状,然后将它切断放入酒里作为降魔的法术。

在四世纪初晋朝葛洪创作的《抱朴子》一书的"仙药篇"里面,记载着"菖蒲具有强化听觉的作用,菖蒲叶酷似剑的形状且具有浓郁的香味,民间迷信其能被除恶魔、消除瘟疫。"

在西方古代香料中就有一种叫作菖蒲香,传说埃及艳后克里奥佩特拉就非常喜欢它,而且其香味以外的药用价值也在那时被世人所知。

江户时代后期的国学家屋代弘贤在其创作的《古今要览稿》

里，认为在五月五日这天，把菖蒲铺在枕头下面这件事是从中古时代开始的。藤原俊成在《新后撰和歌集》里也录有这样一首和歌，"睡在菖蒲枕头上就回忆起从前，这样的夜晚只能怀念过去啊"。十三世纪，这种习俗也开始在关东地区流行，到了十六世纪初明应时期便广泛流行于日本全国各地。

其做法是，把菖蒲的叶子切成五六寸长短，然后将前后两端用纸捻扎起来，再在两边的横截面夹上艾蒿。《后水尾院当时年中行事》里记载，五月四日把这个用薄纸包起来放在枕头下，由于这个薄纸是要由担任六位藏人一职中资格最老的人进献，御用的枕头要由作为宫廷事务长的勾当内侍拿出来，因此这个日子身份高贵的人所用的枕头应该也是新做的吧。一般情况下，是把菖蒲的叶子用纸包起来放在枕头下面，我想古代人对气味的感觉一定比现代人灵敏。把一年中只有一次的微妙香气置于枕头下享受，颇有一股温文尔雅的文化气息。

神的御用枕头

伊势神宫每二十年举行一次被称为"祭年迁宫"的祭祀仪式。在这个仪式前要把神殿修饰一新，然后按照古代的祭祀形式向神灵敬献全新的装束和宝物，进献给大神。

"祭年"是指规定举行祭祀仪式的年份，二十年举行一次是由一千三百年前的天武天皇规定，由他下一位的持统天皇在在位的第四年（690）举行了第一次仪式，到平成五年（1993）秋已经圆满地举行了六十一回。

这个"祭年迁宫"仪式上面，一共要供奉714种、1 576件御用装束和神社宝物，这其中就包括神的御用枕头。

"御用装束"是指装饰品，广义上包括衣服和装饰品，是神座和神殿的铺设品、服饰、仪式上使用的各种东西的总称。

"神社宝物"是指供神灵使用的日用品,包括纺织器具、武器、盔甲、马具、乐器、文具等。

枕头似乎也应作为日用品而被分到神社宝物一类,但却被作为用来包裹神灵身体的被子的附属品寝具,被划分到了御用装束一类里。

这个神灵御用的财产按照平安时代的《仪式帐》的记载,是古代文化和技术传到近代,由当时最高水准的美术工艺家制造的。它们二十年间都在神殿内供奉,到了下一次仪式的时候就几乎全部撤下,明治以前的处理方法是能烧的都烧掉,其他的都埋到土里。当然,御用枕头也一样是二十年一换,旧的会被处理掉。这样做或许会有人认为"这也太浪费了!"但其实是因为神灵使用过的东西到了人的手里往往会产生祸端,所以才要这样处理。现在则是换了一种浪费的做法,被撤下来的物品都被保存在神宝库内,其中的一部分现在正在我任职馆长的伊势神宫博物馆以及神功征古馆(伊势市仓田山、在内宫和外宫的中间)里做日常展示。

御用装束、神社宝物,包括镶嵌有琥珀、琉璃、玛瑙、水晶的华丽的玉缠大刀、用两根朱鹮的羽毛装饰的须贺利御大刀、透露出奈良时代样式的木雕的装饰马、白铜的镜子、梳子、梓木弓、盾牌、矛、神灵的衣服、被子、凭肘几、香炉、砚台以及其附属品,加在一起共850种、2 500多件。这些都是跟正仓院的宝物一样级别的东西,都是蕴含了该时代最高技术和传统美的绝世佳品。这其中就包括一个御用的织锦枕头。

据平安时代延历二十三年(804)的《皇太神宫仪式帐》记载,作为迁新宫时御用装束的东西,72种床上物品之中包括"织锦枕头两个,收在一个白盒子里"。另外,《止由气宫仪式帐》里也有"御

织锦御枕

装神的枕头的柳木盒
（出自《承安装束图》）

用枕头两个"这样的记载。

皇大神宫（内宫）供奉的天照大御神，使用的是"织锦御用枕"。这与丰受大神宫（外宫）供奉的丰受大御神使用的"御枕"在称呼上有所区别。这样区别使用是因为两个神宫供奉的神灵的地位不一样，枕头虽然在本质上是一样的，但用语的改变使之得以区分。内宫把装化妆工具梳子的箱子叫"栉笥"，而外宫却称其为"栉箱"。再比如把鞋分别称为"履"和"鞜"，把衣服分别称为"意须比"和"忍比"，把幔帐分别称为"帐"和"帷"等，用这种称呼的不同来区分内外宫。当然除了称呼不同之外，内外宫物品的质地也是有区别的，但两宫的枕头除了颜色稍有差异外，其他的地方大体上是一样的。

关于御用的枕头，《仪式帐》里虽然没有记载御用枕头的尺寸和材质，但是《延喜式》里记载有"内宫有织锦枕头两个、长各五寸五分、宽三寸八分、厚二寸四分。柳木盒子一个，一尺五寸见方"。

外宫有"枕头两个"这样的记载，其后的《长历官符》和《承安装试图》里都明确记载了"内里是用丝柏做的，外面用红色的唐锦包裹。装枕头的柳木白盒子一个，长宽各一尺五分，高二寸。柳木盒子都有盒盖"。之后的迁宫记录里也一直记载着同样的内容，现在也是同样的大小。

更详细的记载有，内宫是"红底四色唐花唐草花纹的唐朝织锦"，杨木盒子的内衬是"红底小寘文唐朝织锦"。

外宫是"红底三色唐花唐草花纹的唐朝织锦"，杨木盒子的内衬是"红底淡绿色小牡丹花纹的唐朝织锦"。两者略有不同。

说得明白一点儿，就是将丝柏木做成长16.7厘米、宽11.5厘米、高7.3厘米的长方形，并在上面覆盖四色或三色花和唐草图案的美丽织锦布，把这样可爱的枕头以两个为一组的形式，放入内侧镶嵌着本色木料的细工箱子里供奉起来。这种做法应该长久以来都没有变化，但在《仪式帐》里并没有记载枕头的尺寸和材质。神宝装束部部长村濑美树在《神宫》[小学馆，昭和五十年（1975）出版]里说道："《仪式帐》的时代，已经出现了菱白或者布的枕头，《长历太政官符》（1037年左右）里有'内部用丝柏做成'这样的记述，即使《延喜式》没有明确记载尺寸，平安时代中期木枕头也确实已经存在，《嘉元官符》（1303年）以后的文献里有把这种木枕头用'红色的织锦'包裹起来的记述。"

在研究了各种各样的枕头之后，关于这个御用枕头我可以断定的是，这个枕头和之前记述的唐三彩的陶枕虽然材质和色彩都有所不同，但是大小和图案却几乎一样，也就是说，日本的最高级工艺品效仿了唐代的最高级工艺品。

"祭年迁宫"制度开始的时期，对日本来说，唐文化是最先进的文化，日本虽然吸收了唐朝的技术和样式，但是并不是完全地照抄照搬，而是使用与日本风土相符合的材料，承袭唐朝的设计理念，对唐文化加以巧妙地消化吸收。这件事虽然在其他众多的神社宝物上也有所体现，但还是在御用枕头上表现得最为明显。

另外，把神灵使用的御用枕头放进箱子里保存，在现代人看来实在难以理解。现代人会疑惑每天使用的枕头为什么要放到箱子里呢？可是古代有把枕头收纳进箱子里的习惯。

曾经是京都皇宫宫中五舍之一，因庭前种植了藤树而被称为藤壶的妃子的寝宫正殿家具中，有一个双层的架子，架子下层右侧的箱子就是专门用来放枕头的。

稍微详细介绍一下，这个架子用泥金画螺钿绘制了松食鹤图案，上层放着梳子和簪子，左侧放着可以给衣服熏上香味的银制家用香炉，下面放着临时收纳匣子、砚台盒、随身物品的杂物盒和装枕头的箱子。

这个枕头和神宫的御用枕头一样，是在一个做成箱形的木头外面包裹上织锦和白丝绸做成的。因为稍微有些硬，所以枕头里也装入了棉花等枕芯。

古代是不直接把东西放在床上和榻榻米上的。比如，德川美术馆收藏的大名的居室用品，之前叙述过的德川家光的女儿千代姬的"初音的日常用具"，也是放在架子上的。当然，枕头作为其中之一也是如此。放置重要的头部，也可以说是收纳魂魄的容器，被称为"灵魂的仓库"的枕头，在不使用的时候，有收纳在箱子里的习惯。这个习惯不仅贵族有，江户时代中期以前，一般人家都有叫作枕箱（不是箱枕）的东西，有时会把数个枕头作为一整套放进去，也有使用一种叫枕箪笥的放枕头的工具的。

把神灵的御用枕头收存于神社正殿里一个叫作玉奈居的神座的神社有伊势神宫、春日大社、石清水八幡宫、住吉大社，据古书记

京都·贺茂神社供奉神灵的宝物枕头（右：侧面；国学院大学神道资料室收藏）

载还有熊野本宫、贺茂社等。

无论在哪个神社，神社正殿里的事都是秘密中的秘密，是十分忌惮全部公开的。翻阅各个神社的古书记录，在正殿的装饰物品里都没有关于枕头的明确记录。可是，褥子、被子、屏风、椅子等神具都有记载。所以即使没有明确记录，枕头应该也在很多神社存在。

作为正殿的神社宝物，神灵的枕头大多被记载为"织锦的御用枕"，但在《住吉大社神代记》中，却有"斜枕四个"的记载。

古代人有"枕头里寄宿着灵魂"这样的信仰，也有把枕头作为神体供奉的神社。

其中最知名的是大分县中津市大幡区大贞的旧县社——茭白神社。这个神社也被称作大贞神社或茭白八幡神社，与宇佐市的宇佐神宫自古以来关系密切。传闻养老三年 (719)，宇佐神宫的神灵在去南九州镇压古代日本南九州的原住民——隼人的时候降下神谕，砍掉池子里的茭白做成枕头，然后把它作为神体放在神舆上抬着。至今茭白神社仍然是宇佐神宫行幸八社的起点神社。

据说在这里举行的行幸会是从天平胜宝元年 (749) 开始的，以后每隔四年或六年举行一次。

传闻茭白神社中被称作三角池或菱形池的池子，是八幡大神第一次出现的地方，宇佐神宫的神职人员把生长在这里的茭白视为神的枕头，当做神体供奉，并且到各地巡游。新做的神体要送到宇佐的上宫供奉，之前上宫的作为神体的茭白枕头要迁往下宫，下宫的枕头要迁往宇佐神宫的附属神社，即在大分县杵筑市奈多的别府湾边的白砂上建造的奈多宫，奈多宫的要迁往建在海上严岛的龙宫或者是伊予的八幡滨的神宫。

把茭白扎起来做成枕头，在《古事记》、《日本书记》和《万叶集》等书中都有记录，与在旅途中使用的草枕相同，茭白枕头象征着神灵的旅行，也可以表示神灵的新生或再生。宇佐神宫是全国八幡神宫的本宫，这个行幸会是和很多分社的起源有直接关系的重要的古老祭神仪式。而且因为是一个大规模的程序复杂的祭祀，曾经几次中断又再兴，现代主要依靠汽车进行行幸活动。

我不是专业的神官而只是个普通写书的，虽然非常想就现在作为神体的枕头的形状及供奉方式等问题向相关人士做深入的采访，但因为深知神体具有怎样的特性，对神社来说具有多么重要的意义，所以尽管经常和作为神社的最高神官的到津宫司见面，但一直在犹豫要不要向他请教这些问题。

关于这个祭神仪式，古文献《古事类苑 神祇部》里有很多记载。五百年以前的《广永御造营记》里记录了"为了用茭白制作神体的枕头，御装束所中担任管理神社总务的总检校，开始进行100天的斋戒和17天的绝食。"

这么做足以看出古代人把作为神灵象征的枕头看做是十分重要的存在。

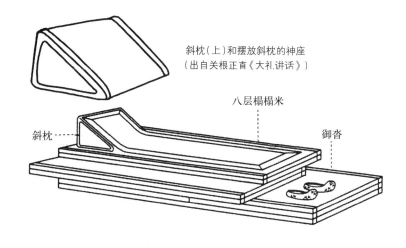

斜枕（上）和摆放斜枕的神座
（出自关根正直《大礼.讲话》）

八层榻榻米

斜枕

御呇

大尝祭和加冕仪式的枕头

所谓斜枕，是因其头枕着的部分向颈部呈一个斜坡状而得名，是祭祀神灵的仪式上用的枕头。

根据《广辞苑》中的解释，斜枕是新皇登基、大尝祭、新尝祭、神今食等大型祭祀活动的时候用茭白做成的，是铺在神座的8层榻榻米之上供神灵使用的。虽然是很有名的东西，但是至今没有人见过它的实体。

大尝祭历史渊源深远，而且规模巨大，我实在无法概述。当今天皇的即位仪式、大尝祭等重大仪式都在平成二年 (1990) 顺利举行。那其中最重要的在大尝宫举行的仪式是从十一月二十二日傍晚六点多开始一直持续到第二天凌晨，天皇陛下在悠纪殿、主基殿用新米供奉皇祖和天地神祇，天皇自己也吃一些，以祈祷国家、国民的平安和五谷丰登。在那项祭神仪式中，也准备了斜枕。

樱町天皇在位的天文三年 (1738) 举行的大尝会，根据详细记录那次仪式的荷田在满所著的《大尝会仪式具释》得知,斜枕是大尝祭的神明所坐的8层榻榻米下面铺着的枕头。现在采取什么形式并不清楚,过去不同时代斜枕的使用方式好像也不一样。《贞观仪式》中记载了"绢布的带着绣了草木鸟兽图案的边儿的斜枕两个",还有"用一丈八尺美浓纸为材料制作的御用枕头一个",《延喜式 扫部寮》里有"斜枕一个,长二尺五寸,宽三尺的原料,用荐编的筵一个,生丝一两"这样的内容。古代人应该是用茭白做丝绸的边儿。

这个斜枕的草图在《贞享四年大尝会图》等图中能够看到,是个和横躺着看电视时用的枕头相仿的三角形。

放置这个斜枕的神座的图可以在史书中看到,在4张六尺的榻榻米上面摞上两张一丈二尺的榻榻米,再在上面摞上4张九尺的榻榻米,然后再在上面铺上8层榻榻米,就像床一样。在迎接最高贵宾的古代装置——8层榻榻米的南端的下面放上斜枕,把小桌子放在8层榻榻米的东边,被子等寝具放在神座的上面,天皇的御座放在神座的东边。

折口信夫在《大尝祭的本义》(全集3)里写道,"大尝祭的时候,在悠纪殿和主基殿中,精心地设置了天皇的卧室、褥子和被子。连枕头也准备了。这是当天皇的高贵的人,为了完成即位资格,隐居在这里进行静心的场所。实际上,是一种重大的镇魂仪式。这里设置的被子,是为了让灵魂能够进入到身体而设置的东西。"这个被褥被称为"真床覆衾"。关于这个被子,在《日本书记》里有这样的记载,相传天孙降临时,是高皇产灵神裹着天照大神的孙子琼琼杵下凡的,为了让神和天皇能够成为同床共殿的神人合成体,所以要盖着这个被子,等待着神的灵魂降临到天皇的身上。

这个"天皇灵"具有带给世间丰收的威力,只有与神灵合体后，天皇才真正算得上是天皇。最近出现了很多以折口信夫提出的这个观点为基础的新观点或否定他的观点等的相关论文。

这作为一个秘密仪式谁都不得而知，不过用象征王者的寝具睡觉，睡醒的天皇就获得了新生，多少还能理解。只是"在大尝祭上隐藏的非常可怕的秘密仪式"（《朝日新闻》1989年2月3日）之类把先帝的遗骸搬过来和天皇共寝，以达到灵魂传承目的的共寝礼仪就完全是猜测的了吧。天武天皇之后的大尝祭中这种寝室形式已经取消了，实际上天皇已经不必在那里就寝了。

新尝祭是每年十一月，天皇给皇祖天照大御神奉上用新米做的供品，天皇自己也要吃新米的祭祀仪式。这是一年中宫中祭祀活动里最重要的祭祀仪式，大尝祭是天皇即位之后一生只有一次的大新尝祭。所以，每年的新尝祭上也会准备和大尝祭上使用的一样的斜枕。

根据上田正昭在《日本文化的原点》（讲谈社）里的记载，冲绳闻得天皇的继承仪式上，在祭祀场所的临时搭建的小房里有两个金枕头，一个是神的，一个是天皇的。高棉族的收获仪式之后，在复苏农民灵魂的仪式上也会用到枕头，和新尝祭类似。岩田庆治也记有为了取得祖灵，横卧或者睡眠状态是必需的，在老挝的深山里有这样一种习俗，就是当有外国人去的时候，当地人会把他们当作稀客，而把被褥和枕头拿出来。这些广义上迎接神的仪式或许都与斜枕有关联。另外，因为两者在日语里的发音相同，所以也有把斜枕称为繁荣兴盛枕的说法。

不过我最近才知道在英国有一种"雅各之枕"。

这是《旧约圣经》开卷第一篇，记载了希伯来人神话传说的《创世纪》（第二十八章十～十七节）里出现的，以色列民族的祖先——雅各用来枕着睡觉的石头。而这个竟然也在英国国王加冕仪式上使用。英国的加冕仪式应该与日本的大尝祭类似，在这里也使用可以联想到斜枕的石枕，这是很有意思的事情。

昭和二十八年 (1953) 六月二日，英国女王伊丽莎白二世举行了加冕仪式。在威斯敏斯特大教堂，首先由大主教进行祷告，而后进行国王宣誓，宣誓后会在国王的头和胸、双手涂抹圣油，交给国王宝剑、王笏、王杖、戒指、手袋等东西，由大主教亲手将王冠戴在国王头上，那个加冕仪式的椅子的座席下面放着被称作"命运之石"的雅各之枕。

我无暇研究基督教的传承，但依据蒲生俊仁所著的《基督教的加冕仪式》[神道文化丛书8、昭和五十四年 (1979)、神道文化会刊] 等书的记载，在这个石头上举行加冕仪式的传统是从公元前五世纪的爱尔兰开始的，1296年爱德华多一世在征服苏格兰的时候带回了这块石头，放在座席下做成了举行仪式的椅子，此后就有了历代国王要坐在这把椅子上面接受皇冠的传统。

这块石头也被称为"苏格兰之石"，传说雅各把它当枕头睡觉的时候做了一个梦，梦见从地上长起一根直达天上的梯子，天使在梯子上上下，神出现在雅各的眼前，将他睡觉的地方赐予他及他的子孙，并约定会保佑他子孙昌盛，还承诺只要持有这个雅各之枕，坐在这个王位上的人，就会得到神的特别护佑及繁荣的太平盛世。阿门。

虽然现在除英国以外的其他国家并不举行加冕仪式了，但其中和大尝祭相同的仪式中都会使用枕头这件事，我觉得是值得关注的。

祈祷顺产的枕头

在日本本州东北部地区有在神社供奉枕头的习俗。

福岛县相马郡新地町驹峰字大作的子眉峰神社的附属神社——母山神社信仰着一位顺产的神灵。神社前供奉着小枕头，想要男孩就从神社借一个白色或者淡蓝色的枕头，想要女孩就借一个红色的枕头。如果得偿所愿、安全分娩的话，在孩子出生的第三十三天，要到神社还愿，并加倍返还借来的那个颜色的枕头。

　　宫城县远田郡小牛田町字牛饲的小牛田山神社也叫产神山神社，宫城县自不必说，就连来自岩手、山形、福岛等地祈愿顺产的产妇也都汇聚到这里。

　　这里祭祀的神是木花开耶姬。这个神在各地都被封为顺产之神，这个信仰来源于《古事记》中的神话。木花开耶姬是山神大山祇神的女儿，是个非常漂亮的美人。琼琼杵尊向其父求婚，她父亲一高兴连同她姐姐石长姬一同嫁给了琼琼杵尊。一下嫁过来两个新娘，这让新郎非常震惊。可是因为这个姐姐是个丑女，所以琼琼杵尊只迎娶了漂亮的那位新娘，将附带的姐姐送了回去。木花开耶姬的父亲说"将两个人一起嫁过去是有理由的，我是在祈祷天神的皇子能够像岩石一样长寿的同时又像树的花朵一样繁盛，可是把石长姬退回来实在是遗憾，因为皇子的生命会像花一样凋谢吧。"

　　针对为什么把木花开耶姬作为顺产之神这个问题，后面还会再解释。

　　木花开耶姬只与琼琼杵尊共寝一夜便怀孕了。琼琼杵尊因木花开耶姬怀孕太快而疑虑她肚子里的孩子是不是自己的。木花开耶姬为了消除疑惑，在要分娩的时候做了一个没有门的小房子，而且在她进到房子里面以后就把从外面能进去的缝隙全部用土堵上了，并点起火来烧这个房子，她发誓"如果生下的孩子不是天神的孩子，就把我烧死吧。"就这样在熊熊燃烧的大火中，她生下了火照

小牛田山神社供奉的红枕头

命、火须势理命、火远理命这三位神。

火照命就是大家熟知的海幸彦，火远理命是山幸彦。在大火中都能顺利分娩，所以木花开耶姬被奉为生产的守护神而被世人信仰。

在江户时代，有伊藤藩的家臣为祈愿大名的后宫也能顺产而代替大名参拜小牛田山神社的习俗，这个习俗一度传承下来而使信仰顺产之神之风盛行。可是现在已经不多了。尽管如此，我去参拜的时候，也有红色的神枕被供奉在那里。

产妇去参拜的时候在领取护符的同时，还要借走一个小布袋大小的神枕。

神枕的填充物是稻谷壳，所以很轻，据说有保佑产妇轻松分娩的寓意。而且据说产妇在分娩时，一开始阵痛，就将枕头的缝合处拆开一点，便会顺利生产。

产妇在平安顺产过后要成倍返还借走的枕头继续供奉。这时候要在枕头里装入大豆，以祈祷孩子可以健康成长。

北海道士别市九十九山的士别神社也有供奉枕头的习俗。

在这个神社背面的进路的顶峰，有一个山神碑。我曾问过神社的佐藤公总宫司是不是在这里供奉枕头。他说随着最近人口过少的趋势，生产的人也减少了，所以在这里供奉枕头的情况基本已经绝迹。

这个山神碑的先祖在宫城县的小牛田神社，从小牛田神社的信仰圈移居到士别这里的人很多，似乎是宫城县人将这一信仰带入到士别神社的。

即使在医学技术发达的今天，分娩对女性来说仍然是一种特别的苦难。可是在过去，对产妇来说这是豁出性命来完成的事。更何况对于那些生活在连产婆都没有的深山或开拓地的原野的产妇来说，那是何等的提心吊胆啊！

在江户时代的古书上，记载了关于顺产的巫术和祈祷的内容。比如，把大豆从中间切成两半，分别在每一半上用墨写上"伊"、"势"两个字，然后将大豆合成原来的形态让产妇攥在手里。还有将"伊势"两个字写在纸上，在祈祷伊势神宫的同时将纸揉成团吞下去等形式。

据说这么做的原因是将日语的"伊势"这两个字拆开的话，是"人""尹""生""丸""力"这五个字，迷信其具有"这里生小孩一定会是圆满的"寓意。

《后宫名目》中记载了，过去皇后在分娩的时候，称负责帮助分娩的人为"伊势的神垣"，把临到生产时挨近皇后的里面填充了棉花的靠垫枕头也称为"伊势的神垣"。伊势的神垣指的就是伊势神宫。这样一来分娩时，想到先祖天照大御神在守护着自己，就一定感到很安心。现在全国各地有很多种保佑顺产的护身符，东北地区的神枕也是其中之一。

与枕头有关的传说和鬼怪故事

与枕头有关的传说，包括"石枕"、"枕返"在内有很多。

在东京都台东区浅草这个地方，或者是《江户名所图会》上，都有一个世人熟知的"一家的石枕"的传说。

居住在浅草乡下的身份低微的武士，把自己漂亮的女儿训练成了艺妓，然后让她把过路的人引诱到一个孤零零的房子里，和他在石枕上睡觉，在两人发生关系的时候，艺妓的父母便会潜入到枕头附近，瞅准时机用石头砸与艺伎共寝的路人的头，然后抢夺他们的财物。一家人以此为生。

可是有一天，女儿悔悟到这种事的罪恶深重，她先告诉父母说有客人来了，然后打扮成男人的姿态躺在石枕上，结果她的父母就像以往那样，用石头砸向了她的头部。当她的父母掀开衣服，发现倒在血泊中的是自己女儿的时候，才认识到自己的罪孽，也开始为之前的死者祈求冥福。

石枕般深重的罪孽，石枕般深重的请求呀

这个传说中的石枕，至今仍在浅草的因观音被熟知的金龙山浅草寺的附属寺院——妙音寺流传于世。

在尾张国石枕的故乡，现在的爱知县江南市也有类似的故事。

在天野信景的随笔《盐尻》里可以看见这样一个故事。过去，在通往东国的路边有一个驿站，驿站的老婆婆在旅客睡觉的地方事先藏好一个石枕，旅客睡着后，她就用枕头砸旅客的头将他们杀死，抢夺财物后将尸体掩埋掉。可是，后来那个老婆婆遭遇横死，之前冤死的亡灵也出来作祟。因此，村里人建了一个祠堂，将其命名为"后稻荷"并把它作为村里的神社。

光说悲惨的故事了，下面换换口味，讲一个有关石枕的别的传说。

过去，亲鸾上人曾到过新泻县中颈城郡柿崎町的涉宿，天黑之后他无处过夜，好不容易找到一家姓扇舍的人家，请求借宿一晚，却被断然拒绝。最后上人不得不在那家的屋檐下以石为枕睡觉。半夜听到上人念佛的声音，那家人羞愧于自己心胸的狭隘，将上人请到了家里，在听了上人的说教之后，那家人也皈依了佛门。为此上人还做了一首和歌。

在柿崎勉强住宿，那家人的心像柿子变熟了

根据《越后的传说》(角川书店) 记载，至今在川越山扇舍御坊净善寺的本堂仍然安置着一块相传是当年上人枕过的石头。

茨城县常陆太田市河合町 (旧幸久村) 有一个叫"枕石寺"的寺庙。这里也秘藏着一块有相同传说的，刻有"大心海"三个字的石头，相传这也是块亲鸾上人曾经用过的枕石。兵库县的小鹰公馆、福冈县京都郡犀川町的夜市的石枕，还有其他各地都流传着关于石枕的传说。

这些石枕不是单纯实用意义上的枕头，而是谛听神佛声音的咒术工具。而且至今还在传承，想必它身上也蕴藏着某种不可思议的灵力。

在此请您一边回忆在枕头的语源部分说明的枕头是承载魂魄的容器，还有之前关于枕头是作为呼唤神灵的一种手段的介绍，大尝祭和新尝祭上使用的斜坡枕，以及雅各之枕等内容，一边来进行以下的阅读。

在中国，有枕头当中住着雷神，一到半夜就敲锣打鼓或者制造风雨的声音，这种奇怪的传说。《今昔物语》中有一个这样的鬼怪故事，一位乳母看到幼儿的枕头上有 10 个骑着马的小人，她十分惊恐，用驱邪的米撒上去之后那些小人就消失了，第二天早上，枕头上散落着沾满血的米。

古代人认为米可以用来被除罪恶和污秽，即使到现在这种信仰也跟"千切撒米"这种神宫的修禊仪式有所联系。撒米和货币

枕返的鬼怪，被注意到正在颠倒男女的枕头（胜川春章·春英画）

流通联系起来就变成了撒钱，到了江户时代就变成了向神社进献香火钱这一形式。我对这些事很感兴趣，不过说这些就与枕头没什么关联了，所以还是说说"枕返"的事吧。

"枕返"这种传说各地都有。

在《南记土俗资料》上记载有这样的一个故事。在和歌山县日高郡龙神村，有7个伐木人在山里采伐大丝柏树，当天晚上7个人睡觉的枕头无一例外全部颠倒了过来，这是丝柏树的树精所为。

在广岛县比婆郡，有一个人去捕供奉神灵的鱼，在路上他突然感觉困倦而睡着了，睡醒之后他发现枕头竟然颠倒了过来，不管翻几次怎么翻都没办法把枕头再翻回来。所以，那块土地就被命名为"枕返"（《广岛的传说》角川书店）。

我所在的伊势市也有类似的传说。

相传伊势市中村町的小字是发生"枕返"的地方。那里就是神宫研修所这一神职培训学校所在的区域。

35年前，我也曾在这寄宿生活过，这里的前辈曾表情严肃地问我们，"你们半夜没有枕头被翻转的经历吗？早上起来睁开眼睛发现枕头的位置完全颠倒了，这种事你们没遇见过？"他还吓唬我们说，"这儿有颠倒枕头的传说，大家都当心点儿，这儿可有妖魔鬼怪。"

神宫文库收藏的《奇谈·枕返物语》[享和二年（1802）长峰野翁茶醉轩]里，也有关于这种传说的记载。我之前写的那本《枕头的文化史》中多少也详细地介绍过，不过关于担任神宫祢宜一职的老前辈所说的，打退枕返妖怪的故事，我感觉有些过于荒唐无稽，所以这里就不再记述了。

在柳田国男著的《远野物语》里，出现过关于东北地区流传的"枕小僧"的记载。

这个毛孩儿被称作"家神"或"家庭小僧"，把睡着的人的枕头颠倒过来似乎是他的嗜好。

折口信夫收集了各地关于"枕返"的传说并记录下来，他在《家神的故事》[《旅行与传说》昭和九年（1934）一月号]里写道，他悄悄地住在特定的人家，被视为这家的守护神。他只是喜欢挪动睡着的人的枕头和变换纸罩座灯的位置，绝对不会威胁人的安全。家神在时，这家生活就会富足，如果这家开始衰败，那一定是家神已经不在这家保护他们了。

比较有名的是，静冈县磐田郡小洼町山住的"枕小僧"。还有供奉在岐阜县关市的金龙山白山寺里的"枕返观音"，听说从前人们相信，在这个寺庙借宿，如果枕头被翻转的话，心愿就能实现。

在冈山、长野、德岛、大分县等地也流传着"蛇的枕头"的传说。

比如把大蛇使用的枕石移动的话，它就会作祟让大雨下个不停，这样无聊的故事。

在伊势市宫川町，明治五年 (1872) 冬天，有一个农夫用斧子砍了被认为是蛇的枕头的古樟树根，就因此而病倒。一时间谣言四起，为了一探究竟而前往参拜神树的人络绎不绝，就连茶馆也因此变得热闹非凡。当时的报纸还报道了县政府为了去除迷信，特意出动了民夫将那棵树伐掉的事情。

江户时代著名的易学家新井白蛾所著的《牛马问》中，有"枕妖"的故事。

有一位医生借住了江户深川的一处空房子，那个房子给人一种阴森压抑的感觉。医生住在那，甚至出现了神经衰弱的症状。因为自己就是医生，所以他就服用了一些药，但是完全没有效果。如果只是自己感觉出神经衰弱的症状倒也不是什么大不了的事情，可是不仅房间内充满了潮湿的空气，还有一股奇怪的冷气从杂物间的方向飘出来。医生对杂物间也进行了检查，可是没发现什么可疑的物品，只有一个非常古老的木枕头扔在那里。感觉到这个枕头可能已经成精的医生将枕头坎碎扔进火里烧了。燃烧枕头的臭味像尸体的味道一样让人不能忍受，而且在烧完枕头之后医生的病也马上痊愈了。

旧物变成妖怪，困扰人的传说有很多。被使用了几十年的旧枕头，况且也不知道是谁用过的，略有些脏的枕头是会令人感到毛骨悚然的。话虽如此，这样灵异的现象究竟该如何解释呢？梦游症、心理因素，或者是先祖体验过的事情已经输进了后代脑细胞的某一处，这是不是造成子孙后代不可思议体验的根源呢？想着这些无聊的事情会让人无法入眠，所以索性作罢。

我长年进行着枕头的研究，不知不觉地竟也收藏起了旧枕头。

从枕头里出来的幽灵（歌川丰国画）

新几内亚的木枕

倒也不是有意为之，而是从在古董店买回一个用定型发髻的油将天鹅绒紧紧粘在上面的，明治或者是大正初期的"安土枕头"开始的。之后还收藏了伊万里的陶枕和带有葵花图案的被认为是将军使用过的箱枕或藤枕，用记有安政四年（1857）年号的枕箱装着的十人份成套的木枕、非洲扎伊尔国十九世纪的夫妇用的木枕，还有新几内亚的原住民的枕头、作为新产品的概念枕头等，自己收藏的和熟人朋友当礼物送给我的枕头，不经意间竟也摆满了书房。

我在研究鲨鱼的时候，是颚骨或皮的标本等到处都是；研究鲍鱼的时候是贝壳或螺钿制品等；这次则是枕头在屋里堆得到处都是。"爸爸，不要太过分啊！"妻子和孩子们经常这样说我。"好的好的，还差一点儿了，到我做完这本书为止，你们再稍微忍耐一下。"

古枕里确实闭居着神灵。不只是显得肮脏，我感觉还有用言语无法表达的，更幽深的令人惊恐的东西。读者朋友们，怎么样？一想到将古枕放在昏暗的房间里，成排地堆地到处都是，并默默发笑的笔者的样子,是不是心里一惊呢?

我喝醉后,在旧货店里买的几个便宜的古枕中,有几个是扔掉也不觉得可惜的便宜货,包括虽是轮岛漆器却掉漆了的箱枕、虽说是可以当成资料但皮卷边儿了的信使枕、稻壳都已经出来了的和尚枕、被虫蛀了的竹枕等。因为我只收藏稀有的和有一定艺术价值的枕头,所以就把它们都处理掉了。可随之报应就出现了。刚处理没多久就收到了许多电话和信件。什么百货商店举办枕头的展览会,想请我借给他们枕头,正在策划关于枕头的节目,请我允许他们拍摄我收藏的枕头,诸如此类的。从卖寝具的商人、报社的事业部、电视台、街道的文化中心发来的借用申请蜂拥而至。

刚把扔得到处都是的枕头扔掉,问价的就纷纷到来,这正是枕头身上常有的怪事。

平成七年 (1995) 七月三日的《日经新闻》文化专栏里,刊载了一篇题为"沉睡古枕引发的民俗散步"的报道,这篇报道是札幌一家寝具制造销售公司的经理白崎繁仁先生写的。

白崎先生在40年的时间里,如他在文章中介绍的那样,进行着"搜寻枕头"的工作,并已经收藏了古今中外的枕头多达700余个。或许是由于职业上的特性,他与枕头有缘。昭和三十年 (1955) 左右,他在古美术店淘到了一个中国的陶枕,并把它放在经理室的桌子上当作镇纸使用。这个陶枕引起了来客的兴趣,客人说自己家里也有这样的古枕头,于是就把家里的古枕头送给了他。因为客人们都说"把古枕拿过去的话,那个人就十分开心",于是替代点心盒,枕头就自然而然地汇集到他那里了。而他自己好像也花了很多交通费,在全国的古董店、旧货店、跳蚤市场上寻找意外收获。怪不得我最近在出差返程途中逛各地旧货店的时候,听到越来越多的人说你也在收集枕头之类的话,原来是有老前辈这样的人存在。据说白崎先生打算收集到一千个枕头的时候，开一个私人的博物馆。

"北枕"的忌讳

死者的头的方位，也就是枕头的位置，现在全国基本上都统一朝北，土葬也是朝北的居多。一般情况下，认为头朝北睡觉是不吉利的。

虽然年代稍微有些久远，但是根据昭和五十三年(1978)八月《读卖新闻》的问卷调查，回答忌讳头朝北睡觉的人，占受调查者总数的42%(男35.1%，女48.1%)。和其他迷信一样，年龄越大的人这个比率就越高。我想即使现在调查，这个比率应该也相差无几。

头朝北睡觉应该是自古就被忌讳的，但究竟是从何时起被认为是不吉利的呢？

葬礼仪式与其他风俗习惯相比不容易变化，地域之间的共通性也很明确，约定俗成的东西和传统都被看重。

前几年曾有一部叫《葬礼》的电影。就像在电影中看到的那样，即使在文明发达的今天也要受到习俗的制约，那么在信仰心深厚的古代，死者头部的朝向作为重要习俗应该会更加被重视吧。

大林太良在《葬制的起源》(角川选书)一书中，列举了英国民族学者W.J.佩里等人的观点，指出由于民族不同，死者头部位置的方向性也有一定的不同。

根据《日本古坟的研究》(斋藤忠、吉川弘文馆)中的记载，从绳纹、弥生时代到古坟时代，被埋葬遗体的头部朝向中，朝北或者是近似北的比较多，其次是朝东或者是近似东的，朝向西或南的非常少。

飞鸟、奈良时代的横穴式石室是面向南的，棺材也是南北朝

上左：黏土枕，或许当时被摆成头朝北的方向，枕头里能看到遗留的头发（京都府产土山古坟出土）
上右：莲花座的枕头（涅槃图，国宝，金刚峰寺收藏）
下：枕着括枕的涅槃佛（长野县饭田市·元善光寺）

向。但遗骸仍然是按照头朝北的方向安放，可以说头朝北是埋葬礼仪的主流。

《群书类从》的杂项部分中收录了《吉事次第》这部由平基亲王边听边写，关于平安时代天皇和女院等的葬礼礼仪的文献。喜事是丧事的忌讳词语，讲述人是后白河天皇的皇子、仁和寺宫的守觉法亲王（1150~1203）。

"人死后，头朝北放。这个工作由平常服侍在身旁的女房6人或者是4人来做。如果是在席子上的话，就4个人将席子抬起来扛走。如果是在榻榻米上的话，就用刀将榻榻米的席子切开。

本来就是头朝北停灵的话就只将榻榻米抽出来就行了。"这是在《殿历》(1114) 上记载的藤原师实的妻子死亡时的记事，是一种北枕放置的仪式。另外，在记录后土御门天皇驾崩的《菅别记》(1500) 中，也有关于举办"御北首之事"仪式的记载。这些虽然是关于贵族习俗的文献，但当时的普通人恐怕也有这样的习俗并延续至今。

"北首西颜"或者是"头北面西"是把遗体的枕头放在北面，让死者的脸朝向西。这应该是受到了西方净土的佛教思想的影响。

在神道的葬礼里面也有让死者头朝北、面向西的做法，虽不能断定这一定是受到佛教的影响，但应该是以佛祖临终前的举动为基础的，像《涅槃经》上记载的那样，"西颜"是释迦牟尼在娑罗双树下圆寂的时候，向右侧卧、头朝向北、面向西方这样一种临终的身体姿态。

释迦牟尼圆寂的涅槃图上既有画着枕头的，也有没画枕头的。根据中野玄三的说法，经书上记载的是佛祖向右侧卧，枕着自己的右手。以宋画为基础的图，基本上都忠实于经文中的描述，镰仓时代以后的涅槃图多数画的是佛祖枕着自己手的样子。

日本最古老的涅槃图是应德三年 (1086) 的高野山金刚峰寺的国宝。图上画的释迦牟尼佛，两手向下伸展放于体侧，枕着木制的彩色的莲花座的枕头。据说这幅画是以唐朝画为范本的。宋代画和唐代画在表现涅槃图中悲痛于佛祖圆寂的动物时是有区别的，对此我一直很感兴趣。佛祖的枕头也受时代的影响而有所不同，有枕着手的、有枕木枕的、有枕平枕的，这也是件很有趣的事。

在中国的涅槃图和涅槃像里，佛祖大多都是枕着手的，不过敦煌石窟的涅槃像释迦牟尼佛是枕着枕头的。我在 NHK 电视台的"丝绸之路之旅"节目中见过这个涅槃像，它是被放在长达 16 米的第158号石窟里的石胎泥塑，是在挖出的岩石的原型上面涂上泥，最后涂上色彩润饰而成的涅槃像。这里的释迦牟尼佛，枕着类似现代靠枕一样的枕头，那个枕头的图案和大小与正仓院所藏的圣武天皇的大枕头相同，能够看到绿色和红色的酷似水鸟的图案。这个枕头竟和"凤形锦御轼"十分相似。

敦煌石窟是四至十四世纪历经大约一千年制作完成的。这个涅槃像好像是中唐时期制作的，我认为正仓院的枕头的起源就在这里。

不过也不是所有的死者都是头朝北埋葬的。《古事类苑 礼式部》的"葬礼仪略"里，也有将死者头朝南埋葬的记载。

《明治天皇记》(吉川弘文馆) 中记载着，驾崩的明治天皇的遗体朝南仰卧，龙颜稍稍朝东。头朝南的根据应该是《周易·说卦传》的"圣人南面而听天下，向明而治"的说法吧。

日本宫廷的旧习俗中，也有"君士面南"、"武士面北"的说法。这可能是受到了道教"王者南面、臣下北面"的影响。另外，日本战国时代在出征时，有"身穿甲胄的人应忌讳面向北面"的说法，北是败北的北。因此，北意味着逃跑、躲藏、背叛。

不过在日本的特有信仰里，有"祖灵镇守在家的北方"这样的说法。祭祀祖先是主妇的职责，所以也有称夫人为"北边那位"的说法，也可以说头朝北是与祖灵信仰密切相关的风俗习惯。

在日本，活着的人都喜欢将日常用的枕头放置在东面。《贞丈杂记》中，也有枕头在东面是正式的做法的记载。

兼好法师的《徒然草》里有这样的内容，"夜里，在卧室头朝东睡觉。这大概是因为头朝东能吸收阳气，孔子也是头朝东睡觉。寝殿中枕头通常朝南，但是白河院大人是头朝北睡觉的。他对人的解释是'头朝北是忌讳的事。不过伊势是朝南的。自己的脚朝向太神宫是不好的吧'。不过，遥拜太神宫要面向东南，不是朝南。"

清凉殿的天皇卧室里的枕头也是朝东的，这是为了吸收太阳的灵气。《礼记》里也有"君子寝恒东首"这样的说法。《论语》里也有"东首，加朝服，拖绅"这样的句子。注释里解释说"面向东是为了吸收生气"。

按照《禁秘抄》里的说法，伊势在南边指的是神宫的正殿是面向南的，内侍所的人是不能脚对着神宫睡觉的。遥拜要向东南，指的是天皇按惯例每天依次参拜石灰坛和伊势神宫。

古代人认为能够感觉到太阳升起的东方具有一定的灵威。

"记纪"（指《古事记》和《日本书纪》）上有，神武天皇说"我是日神的孩子，面向太阳战斗再好不过了"，于是总是背负着太阳的威力去战斗的故事。柳田国男记述的东方净土观、东方神圣观中，也有根据日神信仰日出方向有纯洁的灵魂的祖国这一说法。而伊势神宫里之所以能有皇祖神坐镇，是因为位于东海日出位置的伊势，是作为永不消灭的波浪冲向故乡而被怀念的（《瑞垣》19号、神宫司厅）。也有记载称，冲绳的久高岛在东枕产子，将死者称为"イリマクラ（irimakura）"谓之西枕。

根据道教学者福永光司的说法，儒教喜欢头朝东睡觉，道教则尊崇头朝北。（《道教与日本文化》人文书院）

对于临产时枕头的吉利方位也是众说纷纭，儒教主张头朝东，道教主张头朝北。虽然明治天皇也主张生产的时候头应该朝北，但《明治天皇记》里却也详细地记载了"临产时候在哪月哪日选什么方位吉利，从哪天到哪天要避开正房，枕头朝向什么方向，生下来的皇子要头朝东还是朝南，在枕头上要放一对纸糊的狗"等惯例。

福永先生认为学者的书房选北面的房间比较好，同时，枕头也最好朝北。而且，江户时代著名的随笔《北窗琐谭》(南谷) 的书名也与这种说法有关。

我现在的枕头是朝东的，但是桌子是朝南的。老师说过，不学习的人可以称其为"面向南"，因为他正晒着太阳发呆。

虽说头朝北睡觉是不吉利的，可是"头寒足热"是对健康有好处的，所以也有人认为，因为北面凉爽，所以把北面作为枕头的位置，是合乎情理的。虽然我不懂复杂的理论，但由于地球上的物理现象，也就是磁石在磁场里指针指向北方这一现象，所以支持头朝北是合乎自然理论的磁石学说的也大有人在。不过，现在已经是有空调的时代了，而且地球磁场的磁力也并不那么强，就无所谓了。

另外还有一句这样的川柳短诗。

父亲不要去西边他还想向北走，死去也还要头枕朝向吉原的方向

这句古老的川柳短诗的大意是，隐居的父亲不愿等待西方净土的迎接他想朝北走，而说起江户市区的北面，那里是吉原的花街柳巷。(日本文化与中国文化不同，在日本隐居并不等于清心寡欲。)

最近也有一句这样的川柳短诗。

今后不会听到他的梦话了，因为他睡在北枕了（死掉了）　小山太一

竹夫人和笼枕

听说奈良县樱井市的古寺里有唐玄宗皇帝使用过的枕头。还有传言称，在长崎有声称是秦始皇遗物的枕头。大家不必为此惊奇。如果说是杨贵妃、阿夏、清十郎，或者是蔬菜店阿七的物品仍然现存，我都不会觉得不可思议，但说是唐玄宗皇帝的，就没有什

竹夫人（韩国）

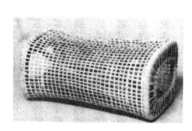

现代的藤枕（这个再大一点就成抱枕了）,右边是明治时代的藤枕

竹枕（左：别府市,右：里面被涂上了红漆,翻过来也可以使用）

么道理了。大概人们就因为那枕头古色古香,所以便说"这就是玄宗皇帝用过的啊"。

被看作是名刹竹林寺镇寺之宝的这个枕头,是一个长方形的正中凹空、用不知是竹子还是藤编成的又黑又亮的大笼枕。看上去确实能酿出玄宗皇帝对杨贵妃说"到这边来"那种宠爱的气氛。

笼枕是用竹子或藤,按竹篮孔样式编制成箱枕或括枕的形状形成的。因其具有良好的通风性,又有弹力,所以适合夏天午睡的时候使用。

笼枕最初与其说是枕头还不如说是抱枕，或是相对于冬天取暖用的汤婆子那类的夏天纳凉用的工具。

在中国南方天气炎热的地区，晚上热得睡不着觉的时候，就抱着它以利于空气的流通。因为是抱着睡觉的竹制品，所以人们就称它为竹姬、竹妇、竹奴、竹夫人等。虽然是这样称呼的，但它并不是代替夫人的东西，而是类似于将汤壶写成汤婆子那样得来。不过因为不只是男人使用它，女性也使用，所以也称其为"抱笼"。它在英语里被称作"Dutch wife"，因为日语里这个词有男性自慰器具的意思，所以也许有人会从"Dutch wife（荷兰夫人）"这个词联想到猥亵道具。但据说这个词源于在荷兰占领印度尼西亚的时候，英国人看到就连荷兰人也每晚都抱着当地华侨使用的竹夫人睡觉，还说"这个很好很凉快"，便宣扬荷兰人是抱着竹夫人来想念自己的妻子，就把竹夫人叫成了"荷兰夫人"。

不过也有那种不是单纯的抱枕，而是作为性器具自慰时使用的荷兰夫人。我虽然知道得不多，不过在中国有陶妾，在日本江户时代有"旅女郎"、"躯干人偶"，也叫"枕形"、"鹈鸰台"等。就连现在的周刊杂志广告上，也在出售各种各样的，看上去感觉不太正经的可爱女子形状的人偶。

这些先暂且不谈，据说用竹子编制的圆筒形竹夫人原本是中国人发明的，从六朝时代（三～六世纪）开始在南方使用，被命名为竹夫人是在宋代。

相传华侨使用竹夫人的比较多，在马来西亚、印度尼西亚、印度等地较为常见，竹夫人是在江户时代，由长崎的唐人街传入日本的。在当时的冲绳，不管多热，上流社会都不允许赤身露体，所以他们就在衣服和身体中间抱着这个睡觉。

虽然日本人并不那么爱用,但黄檗宗的禅僧却经常使用,即使是禁止女人进入的方丈卧室,也是允许放置竹夫人的。有的僧侣还把竹夫人做成特别小的形状戴在手腕上,用来防止出汗的时候袈裟粘在手腕上,直到今天也总能看到僧侣们这样使用竹夫人。

笼枕和竹夫人虽然一样,但大小不同。竹夫人呈长瓜形,长度从一米到与身体等长不等。竹夫人虽然也可以当作枕头使用,但其实是睡觉时放在被褥里的笼子。小型的竹夫人就是笼枕。

虽然竹夫人(竹桌)在中国被广泛使用,但由于在日本并不怎么普及不知道的人很多,所以就出现了这样的川柳短诗。

我认为竹夫人指的是竹篓店的老婆

于是一听让把竹夫人抱回去就立马返回了　　　　　　　能村登四郎

竹制或藤制笼枕的流行,是在明治到大正时代。笼枕并不是全年都使用的东西,而是只有夏天才被视如珍宝,直到现在喜欢把笼枕和用灯芯草做的枕头(花草席枕)放到一起,用来睡午觉的人也很多。

在盛产竹子的中国和朝鲜,可以很容易做出优质的竹枕来。可是在日本,基本上见不到那种直接用圆的细竹子做成的枕头,大多数都是编制的枕头。我曾经在大分县别府市的竹工艺商品陈列室里见过一个漂亮的竹枕头。

头枕着的那一面,是把没有竹节的长竹子切成竹板,并在上面铺7张皮面,使整体呈拱形,两端用藤系紧,插入圆竹竿作为支撑,支撑物和腿儿全用圆竹子。因为竹子的两端是在竹节的部位切断的,所以没有破裂或起毛边之类的现象。这个长50厘米、宽大约10厘米的竹枕,其工艺的精湛程度可以从枕腿儿那里显示出来。枕腿儿的支柱是可以插入拔出的,把支柱拔出来之后,枕头整体成了一个平面,就变成了便携的折叠式枕头。十分遗憾的是,因为这是一个非卖品,我没能买到手。

除此之外还有更进一步变化的竹枕。是把竹子加工成麻将牌的形状,把它们用细绳连起来,然后像卷竹帘那样一层一层地卷起来就成了枕头。听说还有用缺张了的真麻将牌,按照此类方法做成的枕头。枕在这个用牛骨和竹子组合成的凉爽的枕头上,做着麻将满贯或国士无双的美梦,岂不美哉!

碗枕

有一种叫作碗枕的枕头。

碗是指饮食时使用的陶瓷器具,碗枕指的是用那种瓷器制的枕头,属于陶枕。

陶枕虽然在七世纪的唐初就已存在,但我可以确定的是,枕头从太古时代开始就已经存在了。像我在枕头的语源和字源那部分说明的那样,按照后汉时期许慎的《说文解字》中的解释,"枕"这个字是"从木、冘声",所以我想中国古代的枕头应该大多是木制的。但由于木制枕头容易腐烂,所以并没有现存的古木枕,因而造成只有陶枕才被视为古代的枕头而备受关注。在中国,即使是及至近代,由于它是适合炎热地区的生活实用品,所以河北省一带还在广泛使用。大概是因为这一带有火炕,暖气比较发达,卧室里很暖和,所以人们才喜欢凉爽的陶枕。

这种陶枕从中国传入日本后,人们把日本国产的陶枕称为"碗枕"。

在《古今著闻集》里看到有"奉上狮子形的碗枕"这样的内容。我认为碗枕应该是从镰仓时代之前就开始被贵族社会使用了的,但现存的大多是中国制的,日本国产的陶枕要数江户时代的古伊万里窑制品最为古老了。

中国的陶枕（下图是枕头的侧面）

日本的陶枕（古伊万里烧的彩瓷香枕，
江户时代）

　　住在伊势市朝熊町的、做炉灶的陶艺家奥田康博先生说"发烧的时候用黏土的枕头是再好不过的了，比冰块什么的好多了。过去，向罹患热病的家庭我也曾送过枕头呢。"

　　生的黏土块儿，其一点点的凉度会一直持续，发烧的时候使用，想必是会很舒服的吧！我也尝试过一次，虽说那种凉爽的感觉是无可挑剔的，不过它一沾上水表面就会融化，即使把它包在纱布里，干了的话头发上也会黏上土，所以不能经常使用。因此，古代人也是用火烧制黏土后制成黏土枕头再使用的。就像前面记述过的，藤井寺市青山遗迹出土的飞鸟时代的枕头，就是用素烧黏土的方法制作而成的。

如果枕头的表面粗糙不平，就容易夹住头发，非常麻烦。就像常滑、备前、信乐等地出土的那种用粗糙的土制成的枕头，就容易扯住头发，会很疼。所以必须在陶器表面用玻璃质地的光润的膜盖住里面的糙土。

中国古代的陶枕手感光滑，就像在松软的蛋糕上涂了厚厚的白巧克力那样，虽说是用低温烧制而成，但实际上却很坚硬，乍一看上去像是西洋糖果中的果汁软糖。到了明代，坚硬的白瓷器就成了主流，日本也把仿制这种中国陶瓷作为目标。

您知道陶器和瓷器的区别吧！光滑的瓷器做成的枕头比较受欢迎，所以伊万里窑和九谷窑都制作过。

在日本，陶瓷器的一般代名词是"濑户物"。以爱知县的濑户市为中心，为数众多的陶窑生产的产品遍布全国各地，以至于"濑户烧"就成了陶瓷器的代名词。但我觉得说到陶瓷枕头的话，伊万里（有田）和唐津产的要比濑户多，而且以西日本为中心，比起陶瓷枕人们更愿意称其为碗枕。

陶枕在日本并不像在中国那样普及。当然风土气候方面是一个因素，还有就是中国古代的王侯贵人，把六朝时代以前的玉枕体系的唐三彩或由手艺高超的工匠制作的陶枕等，看作是长生不老的安眠枕、梦想的祭坛等而极为珍视的缘故吧。

在日本，也有上等的青瓷枕和在有田出产的彩瓷枕等。虽然在柔和度及优美度上也下了很大功夫，但在日本瓷枕并没有被普及，而只是在夏天使用或是成为文人墨客的爱好之物。

昭和十年左右，东京日本桥滨町的熊谷矛吉出售的"福德陶枕"作为平民使用的陶枕曾经大为流行。当时以制作陶管为主的熊谷先生，绞尽脑汁地给这个枕头取了个受大众欢迎的名字，枕头也因此非常畅销。一时间掀起了一股"福德陶枕"的热潮,但随着战争开始,人们觉得枕高枕头会睡不着觉,因此这个风潮也就渐渐地降温了(参照卷首插图)。听说,当时还有很多与这个枕头相似的陶枕在销售。虽然现在陶枕也在出售,但昭和初年制作的陶枕是传世最多的。近来,也有人设计出,将陶制的薄板或刻有"福"字的一片有两厘米见方的瓷砖平铺,并用纽扣将其连接,放到括枕或平枕之类的枕头上使用的东西。这种设计,可以使热量不在枕头上储存达到头部凉爽的效果,也不像立体的陶枕那样枕着会让人感到疼痛,因而曾大受好评。之后虽然也曾经一度过时,但近些年又重新受到重视,在市场上销售了起来。

中国的陶枕

中国的陶枕始见于唐代 (618~906) 前期,古老的陶枕是运用包含了二彩、蓝彩等广义上的唐三彩及绞胎、搅胎这种纯熟的技法制作而成的。

这个时代的陶枕即使在中国也并不被熟知,能够确认的陶枕的发现地也为数不多。根据东京大学名誉教授三上次男先生的说法,比较明确的早期陶枕的发现地,是出土了已有部分损坏变形的橙黄釉陶枕及带有炉口、置釜台、隔断等的陶房 (长 11.5 厘米、宽 8.7 厘米、高 9 厘米) 的西安郊外的独孤思贞墓 (698)。而后,在江苏省扬州市的唐朝古城池遗迹及洛阳的隋唐时代的含嘉仓也有陶枕破片被发掘出土。不过就如之前所述,大安寺出土了30个陶枕,竟然是在日本出土如此多的陶枕,这着实让人感到有些不可思议。

三上博士称,日本只在官府和神社寺庙等地出土了这种枕头,所以这种枕头被用作礼仪用品的可能性比较大。普遍的说法是,因为当时的日本正在学习中国,所以恐怕在其产地中国,陶枕应该也是被用作礼仪用途的。可是，平成三年 (1991) 在群马县的竖穴式住居遗迹出土了陶枕破片。这样又产生了一个新的未解之谜。如果继续寻找枕头，也许无论是在中国还是在日本都还能找出唐三彩的陶枕。

烧制这种高级枕头的瓷窑是河南省巩县的古瓷窑，从瓷窑遗址出土了唐代的白瓷、黑釉瓷、黄、青釉瓷，还有三彩和绞胎的陶枕破片，这里过去可能是一处官窑或者是相当于官窑水准的瓷窑。

所谓的绞胎，是用"搅拌"或"揉搓"的技法，把两种不同颜色的土，像做米粉团那样揉和后相绞拉坯，造型后做成大理石、木材的年轮、花、云等独特的花纹图案 (参照卷首插图)。

在用各种各样颜色在陶瓷器上绘制彩画的技法还不发达的时代，我想这种工艺可以称之为古代的高科技了吧！如此美丽的图样究竟是怎样创造出来的呢？

这是发生在昭和五十九年 (1984) 秋天的事情。

在东京的根津美术馆、热海的 MOA 美术馆和大阪市立东洋陶瓷美术馆举办了"中国陶枕展"。对于当时正埋头于枕头研究的我来说，这个"杨永德收藏展"简直就像是为我开办的展览会一样。我还参阅了《杨永德收藏 中国陶枕》(大阪市立东洋陶瓷美术馆编集) 上的三上次男先生的"中国陶枕——从唐代到元代"这篇文章。

这次展览会共展出陶枕 126 个。这些都是居住在香港的实业家杨永德先生历经长久岁月收集的陶瓷器中的陶枕收藏品，其中展出了两件绿釉绞胎陶枕和一件黄釉绞胎陶枕。除此之外，我在爱知县陶瓷资料馆举办的"中国历代陶瓷展"上也看到了一件黄釉绞胎的陶枕。

现代绞胎工艺的高手——濑户市的水野达三先生表示，一般

绿釉绞胎的方形枕（9~10世纪，杨永德收藏）

腕枕

带有貘字的吴须染的陶枕（笔者作，伊势·神乐的灶）

的工艺都是在整个绞胎土坯上进行加工、润饰，但此类陶枕的惊人之处在于，它是将一厘米薄厚的绞胎土坯粘合在枕头的表面。这是令人震惊的技术，能够把绞胎土坯切割成如纸一般，大概是使用了马毛吧。

虽然这些古老的陶枕，是用即使在现代也令人震惊的工艺制作而成的，但其中的大多数都比现代的枕头小。

宽15厘米、长20厘米、高8~12厘米，这么小的尺寸，睡觉的时候都无法放心地枕上去吧。

于是，人们对于它的用途就有了各种各样的推想。

其一，推测它是用于长时间持续写经或记录的时候，缓解手腕疲劳的腕枕。因尺寸适当，且在大安寺出土了多达30个之多，所以也被认为是用于写经的礼仪用品。

其二，认为它是脉枕。这是医生在诊断病情的时候，为了号脉放在患者手腕下的枕头。如果说现在在医院注射或量血压的时候使用的腕枕，您就明白了吧！

其三，有人说它是高级官员等官吏，在长时间的工作之后，用于小憩或打盹的便携式枕头。因为是在工作期间，使用枕头的话会使发髻散开、头型变乱，非常麻烦，因此这个应该是用作支撑颈部的颈枕。

还有一种说法，认为这个枕头并不是实际的用品，而是陪葬用的模型，所以比较小。可如果是那样的话，应该也有平时睡觉用的大枕头啊，全都是小型的又该如何解释呢？有人会说，你是不是忘记有一种腰枕的说法了。其实我没有忘记，不过因为那实在太小，并不适合使用，所以就没有讨论的价值了。

我在作为杨永德珍藏品主体的宋、金、元三个朝代126个陶枕的目录上，看到枕头的尺寸、高度方面，低的7厘米，高的17~20厘米。其中还有高度只有4.4厘米的迷你枕头。而且，承载头部的中央部位的高度平均7.5厘米。宽度平均16厘米，最大23厘米。长度平均26厘米，最大45厘米，最小13.6厘米。顺便说一下，重量从0.31千克到4千克，平均约1.8千克。当然这中间也包括腕枕。

我请人烧制的适合我自己的陶枕的尺寸是宽15厘米、长27厘米、高11厘米，正中间的凹陷处约为6厘米。我枕着这个枕头非常舒服。所以，我相信杨先生收藏的枕头的平均尺寸，是非常实用的。不过在古董中，为数较多的还是小型枕头。

说起陶枕的形状，还是长方形的箱形枕居多。虽然也有枕头上面是平面的，但多数还是为了头枕着舒服而设计成了稍稍凹陷的形状。

各种各样的枕头（12~13世纪，选自杨氏收藏）

可爱的中国小孩儿图案的　印有鹿的图案的轮花形陶枕　带有花纹的豆形陶枕
陶枕

喜庆的福字陶枕　　　唐三彩的松叶形的陶枕

陶枕的刻印

上：如意头形的牡丹花纹的
　　陶枕（磁州窑）
中：印有枕着布枕头的妇女
　　图案的陶枕头
下：宋三彩的带有福字的陶枕

还有正方形、半圆形、豆形或花形、八面形或者如意头形、松叶形、唐人形、兽形等各种各样的形状。

唐三彩的箱形陶枕，在八世纪后半期的安史之乱后消失，到了九世纪，在华南的长沙铜官窑等地又开始重新烧制灰褐色的陶枕。此时的陶枕，尺寸稍微增大，长方的箱形的四个角被削成了圆润柔和的形状，因此更加实用。和官窑烧制的带有贵族性格的唐三彩陶枕相比，灰色和黄褐色的陶枕应该是被一般富人阶层广泛使用的实用品。现今也留存着大量的此类出土文物。

那些陶枕是将淡黄色的胎土陶板组合做成箱形，上白色后，施白、黄、青黑等色釉，除此之外也有在那下面画上绿色或褐色的花鸟野兽图案的。

九世纪的唐代晚期，陶枕在华北和广东省的瓷窑被广泛制作，作为辟邪工具的虎枕和兽枕也随之流行起来。

使用陶枕的习惯是从五代开始，到宋、金、元时代达到鼎盛，生产中心逐渐转移至华北的磁州窑、定窑、耀州窑及磁州窑系，形状也渐渐分为箱形枕和人、兽枕两大类别，承载头部的部分也开始逐渐增大。

到了北宋时期，陶枕的装饰和技法也变得多样化，有些在上面画上能够愉悦心情的图案，也有些在上面画着儿童玩耍的身姿、美人在树荫下的床榻上睡觉等各种姿态的图案。这种画在陶枕上的图案中也包括枕头。陶枕上画着的枕头图案并不是陶枕，而是如圣武天皇爱用的大枕头一般的布制枕头。

描绘在枕头上的图案，有山水花鸟、有戏剧画、有诗歌名言，不知名的制陶工匠们挥毫泼墨，将无尽的快乐情怀寄托在陶枕之上。

而且此时陶枕在形状上也出现了各种各样既精巧又复杂的变化，如出现了豆形、花形、秤砣形、扇面形、带座的如意头形等。可是到了金、元时代,枕上的绘画失去了生机,统一而没有变化的长方形箱枕再度成为主流。不过,也有画着南宗风景及受欢迎的戏剧、故事等图案的陶枕。我们在陶枕上也能看出时代的特色。

因为在枕头上写上制作年号的极其稀少,所以枕头出产的时代只能像考古学和美术鉴定那样凭借样式来认定。不过,上面写有年号、制作者及所有者名字的陶枕确实存在。已知的有,刻有从北宋到南宋初期的明道元年(1032)、至和三年(1056)、熙宁四年(1071),还有元佑、崇宁、绍兴三年(1133)等年号的陶枕;刻有张家造、刘家造,还有赵家造、王家造、李家造、陈家造等制作工厂名的陶枕,其中刻有张家造的为数最多。

这种陶枕是磁州窑系的制品,这大概要得益于此地区盛产优质的陶土和煤炭燃料吧。

据说河北省磁县的东艾口村曾有专门制作陶枕的专业瓷窑,或许是因为真有那么多的需求吧。但是在那个时代的中国陶枕并不被广泛使用,这也许是在士大夫阶层中十分盛行的缘故吧。

我在北京的故宫博物院见过一个由华北定窑烧制的、无比精致的白瓷儿童陶枕,并在古董街琉璃厂买了一个这个枕头的复制品。我把它放在书房做装饰品,有时候也会拿来枕枕(参照卷首插图)。而在旧金山的布伦达治收藏品中有一个更加漂亮的唐朝童子荷叶枕,昭和四十五年(1970)秋天,它曾在东京国立博物馆的"东洋陶瓷展"上做过展出,我当时也去参观了。这是一个唐朝童子双手捧着荷叶状的十分可爱的枕头。直到今日,那个雪白陶枕的优美品相仍时常浮现在我眼前。这些都是世界艺术枕中的明珠。

另外景德镇瓷窑出品的精巧的陶枕、北京故宫博物院收藏的青白瓷蟠龙陶枕、上海博物馆的青白瓷屋宇妇人枕也都是陶枕中

白磁的中国小孩儿形的荷叶枕（定窑，11~12世纪）

新婚用双人枕（宋三彩陶枕，
白鹤美术馆藏）

刻有座右铭的豆形陶枕
（12~13世纪，杨氏收藏）

印有诗词的带有底座的如
意头形枕头（12世纪，杨氏
收藏）

的名品。但到了十五世纪的明代，陶枕的生产就减少了。可能是坚硬的陶枕已经不能迎合人们的喜好了吧！

　　神户市的白鹤美术馆中有一个珍贵的陶枕，比普通的枕头要长，长度达到了48.6厘米。该枕呈翻开的书的形状，枕头的中间有些凸起，据说是为新婚夫妇特别定制的在双人床上使用的制品。可是，枕头上刻着的诗句反映的却是情人离去后女子的哀怨之言。"涕泪沾湿了我的衣襟，和那个人分别之后，我也日渐消瘦了……"

如果是新婚用的话应该不会写这种诗吧。研究陶枕上所刻的中国古代通俗歌谣的村上哲见先生认为，这个枕头或许是烟花柳巷使用的物品（"陶枕词考"《奈良女子大学文学部研究年报》二八）。

仅调查枕头上记着的词歌就能写出论文来，枕上记有的词歌如此之多实在是超乎想象。这或许与有些伟人喜欢在枕头上刻上诸如"己所不欲，勿施于人"、"在处与人和人生得己何长修君子行由自是非多"等，借此咏叹人生的无常、劝导良好的修养、记住失败的教训，通过枕头日夜劝诫自己有关的伟人也是存在的。

另外，绝大多数的中国陶枕，为了抽出空气在烧制时都留有小孔，在变成空心的内部放进一个小石头或圆形的陶玉，一摇晃枕头就会发出咯隆咯隆的响声。人们也许还会以这种哗啦哗啦、咯隆咯隆的枕头的响声来作为短暂的消遣呢。在这样的细微之处，也能体会到中国式的文化气息。

中国的虎枕

虎枕也叫虎头枕，是仿照老虎的头或身姿做成的枕头。

《事物纪原》的"西京杂书"介绍了这样一个故事。汉代的将军李广和哥哥在宜山的北方狩猎时，看到了一只猛虎，李广只用一箭就射死了老虎，并将它的头砍下来当枕头用。虎枕便起源于此。

还有一种趣闻，说李广把石头错看成了虎，于是用箭射过去，结果箭就扎在了岩石上。据《侯靖录》记载，李广用箭射死了趴着的老虎，并把它的头砍下来做成枕头，还用铜铸了个虎头形的便器。所以直到现在，在《大汉和辞典》(诸桥辙次、大修馆书店) 中，仍把"虎子"解释为室内用的便盆、便桶、尿壶的意思，而虎枕和虎子一样，也是便器。

那么枕头和便器，究竟是怎么一回事呢？

根据《日本国语大辞典》中的解释，"オマル (omaru)"记作"御丸"、"御虎子"。"お (o)"为接头词，"オマル (omaru)"是由动词"まる (maru)（放）"产生的单词，指病人或儿童使用的可移动的便器。《占梦南柯后记》里有"把碗、便盆、煎药锅放在枕边"等肮脏的用例，"オマル (omaru)"也可以说成是"大便"的名词化。

按照《日本民俗学全集》中藤泽衡彦的说法，大便所的所用口是小桶形，一开始"オカハ (okaha)"是作为厕所的略语使用的，后来做成了一种椭圆形货币的小判形，就叫成了"小判"。把这个写成"虎子"而读作"オマル (omaru)"，与其说是因为它的形状，更多的是因为小判俗称为"虎子"。

写到这里，我不得不请教大学时的老前辈，厕所博士李家正文先生。

周礼中把掌管君王便器的官吏称为玉府官，这个官员把叫作"虎子"的大小便器携带在身边。这个便器也被称作"兽子"、"夜鸟"、"夜壶"。据说是因为李广把老虎的骷髅做成了便器，所以才称其为"虎子"。相传古代有一种通过侮辱勇猛凶恶的动物来辟邪的巫术。例如现存的日本平安时代寝殿式建筑的家具之一中，有一个用象牙制成的"虎子"箱子，箱子的边缘处用紫檀和螺钿装饰，上面绘有泥金画。关于它的尺寸也有记载，女性用的是稍微小一些的，但我最为关心的枕头却不是十分清楚。可是长元八年(1035) 写的宫中家具的记录上，枕头盒是放在帐内的枕头上的，虎子盒是放在御帐的隐蔽的地方的，在贵族的房间里枕头和便器是一同放置的。

按照现代人的感觉，除了在病房里，枕头和便器是不挨边儿的东西。但是在古代，枕头和便器作为生活必备的工具，放在一起是不会有不协调的感觉的。

有人说殷商的纣王也使用虎枕。在箱形的陶枕上画上具有神兽性质的老虎，这种做法自古以来就有，但把枕头做成兽形的虎枕是在九世纪的唐代末期流行起来的。

据《诸证辨疑》记载，那是一种老虎前足俯卧，将全身的力气都集中在前足上的形态，大多数虎枕都设计成这种蹲踞式的姿态。

《嬉游笑览》里有"虎的面部是长的，现在画上画成圆的，实际上是不对的。虎骨可以药用，特别是头骨可以治疗头痛。陶弘景说，用老虎的头骨做枕头，可以避免做噩梦，放在门上可以驱鬼。"

很多虎枕都把虎的脸做成了又圆又滑稽的形状，但第一只老虎被船载入日本，是宇多天皇在位的宽平二年（890）。据记载，当时巨势金冈还画了一张那只尚为幼崽的老虎的素描画。

通过文献可以知道，日本人自古以来就对老虎这一勇猛动物有所了解。《万叶集》里也有"生擒韩国的老虎这种神灵"、"老虎一声吼，众人皆惊慌"等关于老虎的和歌。从那以后，活的老虎也渐渐传入日本，虎和豹曾经被认为是同类动物。而且，关于加藤清正消灭老虎的故事也广为人知。日本人虽然知道老虎是可怕的动物，但却没有像中国和朝鲜那样因虎受到威胁，因此他们把老虎视为吉利的动物，对其大加称赞的趋势就变得强烈了。

《嬉游笑览》中记载，"某寺院里存有貘枕，据透露是加藤清正从朝鲜带来的。我去看了那个枕头，是木雕的，全身涂漆上色，牙齿和爪子镶嵌的都是真的野兽牙和爪子。形状是两只前腿分别在头的两侧向前伸出，呈蹲踞式。下面有一个像盒子一样的台座，头的下面有一个船底形的板子，以此作为枕头。喉咙里有个机关，一倚在头顶的横板上，嘴就会张开，眼珠稍微突出，用手一摸就会咕噜咕噜地转，耳朵也会前后移动。"这得是多么精巧的一个枕头

唐三彩兽形陶枕（12世纪）

据传是丰臣秀吉喜欢用的貘形枕头
（丰国神社收藏）

带有牡丹花纹的虎形枕（12~13世纪，
杨氏收藏）

上：中国陕西省保安族的儿童用虎枕
下：山西省的儿童用虎枕（鱼和虎的交尾引人注目）

啊！我也曾见过一个眼珠能动做工精细的狮子形木枕。

不过在日本，虎枕好像并不怎么受欢迎。可能是相对于吃人的老虎而言，人们还是对能吃掉梦的貘抱有幻想吧。可是在中国，即使在杨永德藏品中，也没有看到带有貘的图案的枕头，虎和狮子的枕头则很有人气。

虎枕在承载头部的那面，既有黄褐色底黑色条纹的类似虎背的图案，也有在白底上画花鸟或竹子、牡丹等的图案。虽说无法断定哪一种更为古老，但不论是残存的长方形或八面形的表面画着老虎图案的枕头，还是在猛虎的背上画着素朴花草图案的枕头，所流露出的类似纸老虎一样的优美的民间艺术风格也是别有风趣的。

依据三上次男先生的说法，在长沙铜官窑遗址出土的唐代虎枕，及在福建省福州市的东湖宾馆院内地下3米处发现的唐代黄青釉虎枕，都是福建地区的制品。据我所知，浙江、湖南自不必说，河北也做过这种类型的东西。据说从唐代至金代，相当于日本的奈良时代到镰仓时代这一时期，这种虎枕在整个中国都很流行。而且从那之后，把长方形的陶枕、虎枕统称为兽形二体系的陶枕，一直制作到十七世纪的明代。现在中国人虽然基本不怎么使用虎枕了，但是在北方的山西省、陕西省特别是保安族，人们现在还很喜欢用一种叫作"布老虎"的带刺绣的虎形玩偶布枕头为孩子辟邪。

另外，不知为什么，这一地区的虎枕上画着或绣着图案化的鱼的现象也比较多见。这看似是黄河中游地区的局部文化现象，但按照《中国民俗学》(中国社会文化编辑委员会编，1989年) 中的解释，这大概是以猛虎和大鱼两尾交叉来祈求生命的活力。我想这也是某种古老的传承所留下的影响吧。

枕头上的貘

中国的陶枕上画的动物大多是虎、狮子、龙和一些来路不明的怪兽，它们大多是蹲踞的姿势，但日本的枕头上画的最多的动物还是貘。当然除了画之外也包含写有"獏、貘"这种汉字的枕头。

画有貘图案的枕头最早出现在室町时代，但是《嬉游笑览》上记述的那种木制品的貘枕，保存至今的并不多，现存的貘枕大部分都是江户时代的。虽然因枕头上未曾写有制作年号，所以无从得知哪一个是最古老的枕头，不过京都东山的高台寺遗存的泥金画的家具类里包含一个中国的纺织枕头。枕头的两个侧面用泥金画画着貘的图案,这是最早的关于貘枕的记载。

这个被视为重要文化遗产的枕头,极有可能是北政所的孩子在婴儿时使用的,或者是她的丈夫丰臣秀吉使用过的,十分珍贵的物品。可以断定的是,它是桃山时代流传下来的枕头 (参照23页)。

东京国立博物馆收藏的一个"砧石泥金画砚箱"里,也放着一个画有月亮、秋草和貘等风雅图案的枕头。它或许既是一个枕头又是当时夜景的展示,也是江户时代初期的物品。

因三得利美术馆馆藏中,有一件古代大名家里使用过的、画有貘图案的、十分精美的泥金画木枕,所以似乎在当时,从高级品到平民用的枕头,都很流行画貘的图案。但毕竟是可怕的野兽图案,所以女人的枕头上画有貘的图案的不多,大多是在木枕上写一个"貘"字而已。

为什么要画貘? 貘又是一种什么动物呢?

根据百科全书的介绍,貘学名貘科 (Tapiridae) ,是奇蹄目貘科的哺乳动物。它在中美到南美、马来西亚、苏门答腊、婆罗洲等地的热带雨林地带栖息,是现存最原始的、体形并未完全进化的、十分珍奇的奇蹄类动物。

称其珍奇是因为,它的鼻子像大象的鼻子一样柔软,虽然能稍作伸缩,但要比大象短得多;前肢四趾,后肢三趾;体形和犀牛相似;皮厚,毛短而稀疏。美洲貘的体色为褐色,头上有像马一样的鬃毛;马来貘是身体前半部和四肢为黑褐色,后半部和腹部为灰白色的两混合体色。貘的胃肠和马相似,肺和牛相似。貘的耳朵稍微有些长,圆圆的,能微动;貘是夜行性动物,吃树的芽和水草,走起来很慢但能跑;喜欢待在水里,还有在水里排泄的习性。另外,虽然任何百科词典中都没有介绍,但是貘的阴茎出奇的长,和身体比例相比的话,是所有动物中最长的。是名副其实的珍奇野兽。

泰语里把貘叫作"混合物"。传说神在创造动物的时候，把最后剩余的材料拼接，组合成了貘这种动物。还有一种说法认为，貘曾经是佛祖释迦牟尼的坐骑，证据就是它的身体上残留了一个白色的鞍的痕迹。

在巴西，相传貘是驮着一个叫"撒西"的小妖怪渡过彩虹桥走向天界的灵兽。

那么古代中国人究竟知不知道这个"貘"的真实存在呢？

苏颂的《图经本草》里记有，"今黔、蜀及峨眉山中时有貘，象鼻犀目，牛尾虎足，土人鼎釜，多为所食"；《晋书》中"驴鼠，大如水牛，灰色卑脚，脚似象，胸前尾上皆白，大力而迟钝"的这段记载，似乎说的就是貘这种动物；唐代的白居易也在《貘屏赞》的序文中写道："貘者，象鼻犀目，牛尾虎足，生于南方山谷中，寝其皮辟温，图其形辟邪，今俗称其为白泽。"

恐怕中国古代也曾有过马来貘这种动物吧。不过中国人非常喜欢凭想象创造珍奇野兽，就像说龙有九像，角像鹿、头像骆驼、眼像鬼、颈像蛇、腹像蛟、鳞像鲤鱼、爪像鹰、掌像虎、耳像牛之类的。中国许多珍奇野兽都是空想的合成动物。这样珍贵的野兽在《酉阳杂俎》《神异经》《搜神记》等书里都有出现。

恐怕中国人是在实际存在的貘的传闻的基础上，创造了一个虚构的貘。因为是虚构的动物，所以《尔雅》里介绍貘的食物是铁、铜和竹子。

可为什么传到日本后，貘的食物就变成了梦呢？

是因为在日本，作为貘的主食的铁和铜不足吗？这种解释有些牵强附会。

《远碧轩记》(黑川道佑，1675) 里有这样的记述，"当今习俗，春分前一天的晚上，画一个貘的图案，以避免做噩梦。据查，貘源于

明治时代射和万古烧中带有貘图案的陶枕（神宫农业馆收藏）

马来貘　*Topirus indicus*

东京目黑区罗汉寺的貘

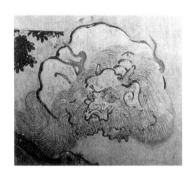

日光东照宫拜殿的貘（狩野探幽绘）

《尔雅》。喜食铜铁和竹子。唐代有貘能吃梦的说法等。"南方熊楠也在《消除噩梦的貘的札记》（《全集》六）里说到，"唐代有貘能吃梦的说法。"这是不是把貘和伯奇、白泽弄混了呢？

据《山海经》记述，驱鬼仪式（立春夜里撒豆驱鬼）时，伯奇这个神会吃掉梦，和白泽相似。不，与其说相似其实就是和白泽一样。白泽住在东望山，可以解人语，如果君王贤德，它就会保佑王朝昌盛长久。

区别于貘的是，这个神兽的背部和腹部的两侧都有眼睛，人们好像把这个眼睛多、鼻子不长、有一副圣人面孔的动物称为白泽。

但画在枕头上的图案里也有与两者都不相似的貘。

中国自古以来就有厚葬死者的传统。做一个大的墓穴,将死者生前喜爱的和贵重的物品放进去,还要做一些特别的供奉死者的"冥器"附葬。其中就包括被称为"镇墓兽"的守护魂魄的灵兽。这个灵兽很可能是奇怪的白泽和貘的始祖。中国人也相信人在睡觉的时候灵魂会游离出去,于是就在枕边或者卧室里,放上防止灵魂被恶灵夺走的辟邪神兽。而对于长眠地下的死者,就更有必要将强力的守护灵魂的镇墓兽放置在枕边了。

这种习俗也传到了日本,在大名家卧室的纸拉门和屏风上,都画有貘、白泽、虎、狮子等灵兽的图案。

其中极具代表性的是供奉德川家康神灵的日光东照宫的前殿内部。那里被分成三个房间,中间是63张榻榻米大小的房间,右边是18张榻榻米大小的将军的房间,左边是同为18张榻榻米大小的法亲王就座的房间。合计99张榻榻米大小的顶棚上画有各种各样的龙,而且形状各异、五彩缤纷。隔断的杉板门上有守护白昼的竹子和麒麟、守护夜晚的从中国进口的贵重木材和貘,背面为狩野探幽手绘的狮子。

东京都目黑区的罗汉寺的佛堂里,有摆成一排的五百罗汉,其中就有比人还大的被叫作貘的石狮子样的三眼怪兽。

仔细观看,在狮子腹部的两侧还各有3只眼睛,加上脸上的3只,一共有9只眼睛,所以这应该是白泽。

东照宫的貘,从相貌上看也是白泽,但是它从以前开始就被称为貘。《嬉游笑览》里记载有"貘应该是白泽变成的"。虽然无论怎么叫都行,但普遍认为吃噩梦的应该是貘。

人们相信,如果在罗汉寺的貘面前说出自己的苦恼,它就会将那些苦恼统统吃掉,所以直到现在,仍有很多人去罗汉寺献香和花。这样的例子直到今日，在全国各地都有存在。中国古代被视为睡眠中的守护兽的貘传入日本后，从室町时代开始，作为新年或春分夜的护身符，会在宝船的帆上写上"貘"字，或是画成版画放在枕头下面，进而发展为将貘直接画在枕头上来守护整个一年夜晚的"貘枕"。人们相信如果做了噩梦，念着"貘吃掉它貘吃掉它"或"将昨晚的梦送给貘"之类的话，便可以避过灾祸。

画在枕头上的动、植物

依我浅见，中国的陶枕上画着的动物有鸭子、鸳鸯等水禽，鹤、喜鹊、野鸡一类，还有小鸟、狮子、虎、龙、象、鹿、羊、兔、熊、马、鱼、怪兽，等等。

植物以牡丹和蔓草为主，还有莲、竹、桃、树叶等花草类。

它们大致可以分成凶猛类和温顺类。也就是可辟邪的和天真可爱的两种图案。

温顺类的图案，如在莲花池里划水的水鸟、花园里叼着一只花的鹿或者羊等，或许可以让人安然入眠。而鸳鸯图更是象征夫妻和睦的图案。

相比之下，画有熊和狮子、张牙舞爪的老虎等凶猛类图案的枕头，则是辟邪用的咒术工具，这就涉及日本的貘枕。

正像《诗经》里写的那样，在中国做梦梦见熊，被看作是生男孩的吉兆，勇猛的人常被称作熊罴之士。所以我认为，画着熊的枕头是希望生男孩每晚祈祷用的，而画着可爱孩童或美女图的则是希望生女孩。

奈良的大和文华馆里有一个画着鲶鱼图案的陶枕。是中国北宋时期，磁州瓷窑烧制的白底铁绘鲶鱼文枕。高19.5厘米、长29厘米。如意头形的枕头上连接着一个方形台子，上面有两条滑稽的鲶鱼在随水流摇动的水藻之间悠闲地游着，给人一种悠然自得的感觉。我想这个枕头一定是知识分子或者文人订制的。两条鲶鱼和佛教用具的如意形结合起来，就变成了"鲶鲶如意"也就是谐音的"年年如意"，是象征每一年都事如心意的吉祥图案。

《猫的民俗学》(大木卓、田畑书店) 中写有，在清代后期《猫苑》一书中有关于"猫枕"的记述。在端午节那天，人们用枫树的树疙瘩做成猫枕，取防鼠之意，有辟邪的目的。因为是形状按照猫的原样稍微放大了的枕头，所以我猜想，其构思可能就来源于把活猫当枕头吧。猫枕和虎枕或许属同系，但由于古代埃及就把猫当作夜晚的守护神兽，所以我想，在中国可能也不知不觉地就把它当成了辟邪的物件。当然，其防范鼠害的用意，也是不言而喻的。

最近，从中国回来的朋友告诉我，他在九龙的百货商店看到了猫枕。服务员说那是从明代开始在普通家庭使用的猫枕仿制品，虽然是现代的陶制品但却价格昂贵。朋友说本打算送给我做礼物，但因为实在过于昂贵没有买，让我不要见怪。

此外中国还有一种奇异的枕头，那就是蛙枕。

蛙枕是陕西省保安族的布制儿童枕。该枕一般在绿色的青蛙的背上，绣上毒蛇、蝎子、蜈蚣、壁虎、青虫、毒蜘蛛等动物，也有把青蛙的眼睛做成镜子的。实在是一种怪异的民间艺术品。

这个地区苦于毒虫的危害，母亲们应该是出于驱邪的目的，才做出这个蛙枕的吧。将眼珠做成镜子，也是因其具有震慑妖怪的辟邪效力吧。在我看来，与其说它是用来枕的，倒更像是放在枕边用来驱邪的。

在中国，也会将蝙蝠的图案画在枕头上，现代的制品上也有。

蝙蝠是夜行性动物，所以民间迷信它具有抵挡恶灵的作用。另外，汉语里蝙蝠的"蝠"和"福"同音，所以蝙蝠也被看成是一种

青白瓷蟠龙陶枕（宋代，高15.5厘米，北京故宫博物院收藏）

带有水鸟图案的长方形三彩枕头（或许是期盼生贴心女儿的枕头，13世纪）

期盼生儿子的画有熊图案的陶枕（12~13世纪）

鲶鱼图案的陶枕（大和文华馆收藏）

中国陕西省保安族的蛙枕

中国的猫枕

韩国的鸭子形的装饰物（古时是枕头）

能够带来幸福的动物。

如果给西方客人用这种蝙蝠枕会发生什么事情呢？他们一定会认为，蝙蝠是吸血鬼或英国小说中著名的吸血鬼德拉库拉使用的工具，在他们睡着的时候会杀了它。所以很有可能会引发一场骚动。

而韩国有一种鸭子枕头。

虽然近几年它只作为装饰之物使用，但实际上它是由枕头衍生出来的。在韩国有这样一种习俗，准新郎要亲手做一只木头鸭子，并在迎娶新娘的时候把它送给新娘。新娘会从新婚之夜起枕着它睡觉。

刚听到这种说法的时候，我也不敢相信这种生活中的装饰品竟然是枕头。不过，如果把木制鸭子的脖子拔掉的话，它果真能变成枕头。古代就有用容易拔出的树枝，来制作脖子的简易的鸭子枕头。

这大概是寓意夫妇俩像这个家鸭子一样不离不弃，共度此生的爱的象征吧！据说，有了孩子后，夫妇俩就把它放在房间的架子上，作为珍贵的装饰品。

民族博物馆里展有各个国家的怪异枕头。

东非乌尼族的木枕头，是将木头雕刻成犀牛的形状，犀牛背的部位有一块平台是用来枕的，确实是一个有意思的枕头。不过，我很怀疑它到底是不是那个民族的人日常使用的枕头。假设我只是按照我个人的爱好做了鲸鱼、鲨鱼、鲍鱼、女朋友膝盖形状的陶枕或木雕的枕头，而这只枕头又阴差阳错地被当作"有趣的日本枕头"，展览在海外的博物馆的话，就麻烦了。必须要相当谨慎地使用资料。

日本自古就有带花的图案的枕头。从江户时代到明治时期的

世界上各种各样的枕头

中国的涂漆木枕头
（现代）

韩国的玉帘枕（现代）

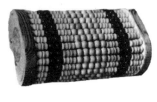

上：非洲的枕头
下：埃及的枕头

上左：菲律宾伊富高族的木枕；
上右：波利尼西亚托克劳群岛的木枕
下左：日本的陶枕（将陶片连在一起具有弹力）；
下右：吐噶群岛的木枕

枕头上，也有很多鹤、龟或者菊花等象征长寿的图案设计。其中也有在鹤、龟上画松、竹、梅或杂乱地汇集了各种珍宝和吉庆物品的图案的枕头。但作为日本人的喜好，简洁地画有鹤、梅花、樱花、菊花、松等其中之一的枕头很受欢迎，曾大受日本人的青睐。

枕头的图案或设计，也会根据国别和时代的不同而产生不同的流行趋势。个人的喜好虽有不同，不过多数现代人还是会选择淡雅的素色或图案简洁的枕头吧。

瑞典人喜欢母亲或者爱人用心刺绣的白色靠垫枕。朝鲜人喜欢用黑或者深粉色制作的花卉图案及绣有"喜、寿、福"等字的刺绣枕头，或是用原色布条手工拼凑的枕头，或者是原色拼接的东西。像印度人喜欢串珠和刺绣那样，因各个国家气候和生活方式的不同，人们对枕头的喜好也有所差异。从这点出发，去考察民族文化也是可行的吧！

第三章
秋天　长寿的菊枕

枕慈童与菊枕

有一首有名的能乐叫《邯郸》，它里面出现了枕头，针对这个我在后面会详细记述。在秋天的枕头这章里，我还是想讲一讲《枕慈童》这首谣曲。

在能乐的观世流流派里枕慈童被叫作"菊慈童"，除此之外似乎还有别的曲子叫作"枕慈童"的，颇有些复杂。就按着观世流里叫菊慈童、其他流派叫枕慈童这么理解好了。

这部能乐的主角是慈童，配角是魏文帝的臣下，除此之外还有两个演配角的仆人。这是一部四节的能乐，作者不详。

该能乐主要讲述的是魏文帝的一个大臣按照敕命到距离都城河南省郦县山三百里外的深山去寻找熬药用的水时所发生的故事。那座深山里连鸟鸣都听不到，而且阴云密布，虎狼都蠢蠢欲动。深山里有一座寺庙，从寺庙里面出来一个奇怪的人。当去找水的大臣问他是谁时，他自称是侍奉周穆王的慈童，曾趁周穆王不在跨过了他的枕头，而这一幕正好被群臣撞见，所以他被作为粗鲁的罪人流放至此。或许这就是俗称的"枕头之罪"的起源。

周穆王对这个慈童十分宠爱，所以没有迁怒于他跨过自己枕头的事。但是，因群臣的嫉妒，周穆王不得不把可怜的他流放到深山里。因为感到伤感，周穆王还特意将一个写有佛经的枕头送给了他。

然而大臣听了慈童这些叙述，吓了一跳。此时是魏文帝的时代，周穆王的时代已经过去七百多年了，慈童直到现在还活着实在是奇怪。

慈童却认为大臣才奇怪，自己仍然认为周穆王赠枕头都是最近的事。为了证明此事，慈童将周穆王赐给自己的记有两句《观音经》经文的枕头给大臣看了。并说，周穆王告诉我每天早上都要念诵这个经文，如果忘了就麻烦了，所以我就把经文写在菊花叶上每天念诵，而菊花叶都随河漂走了。该能乐中还有这样的片段，那就是后来，含有这个菊花叶露的灵水变成了长生不老的药水，仙人们一边演奏舞乐，一边汲取山谷中的灵水，同时还唱着"喝了这个水就能长寿"的歌谣，在盛开的菊花中进入了仙境。

《太平记》里也有这个故事的后续情节，这或许还成为重阳节的起源。所以朋友们，如果想长命百岁也请记住枕头上写着的经文吧。

"具一切功德，慈眼视众生。福寿海无量，是故应顶礼。"（具备一切功德的同时用慈爱的眼光看待众生的话，福寿无穷，故应顶礼膜拜。）

现在这个能乐还作为祝词能乐在各种流派传承，虽然不同流派，词句有所不同，但是故事的构成基本一致。有的歌舞伎的舞蹈和三弦曲也是根据这个谣曲改编的，在歌舞伎里这个故事被叫作

枕慈童

带有菊花图案的福寿陶枕
（有田烧，明治时代）

和菊枕类似的中国陶枕
（12～13世纪）

"乱菊枕慈童"。

　　菊花在中国古代被视为长寿的药物，常在诗文里被吟诵。传授仙道秘术的《抱朴子》里也有关于南阳郦县山中的甘甜山谷水的记载。记载称这个地方的灵水是从山谷里的菊花上掉下来的，当地人喝了这里的水能活到150岁，即使寿命短也没有八九十岁就死了的。于是，南阳的太守每个月都汲取40石这里的水送给其他官员做礼物。

　　《尘添盖囊抄》(1532) 里也记载有菊花是鬼的眉毛，放在酒里喝下去能包治百病而且还能长寿的故事，其起源就是慈童传说。

为什么在《万叶集》4 500多首和歌里连一首写菊花的都没有，而《源氏物语》里却有很多关于菊花的内容呢？由此我推断菊花可能是平安时代初期从中国传入日本的。根据《延喜式》的典药寮中记载，当时在山梨县种植了药用的黄菊花。

古代中国人认为菊花具有治愈疾病、被除邪气的作用，所以也有人使用里面装了菊花的"菊枕"。古书上有这样的记载，"秋天摘取甘菊的花朵，积攒起来装入布袋做成枕头。这种枕头可以让人头脑清醒，同时又能被除邪晦。"

根据《荆楚岁时记》的记载，从汉代开始，就有在九月九日重阳节那天喝菊酒的习俗，菊酒指的就是泡了菊花的酒。

最初菊枕指的是用晾干的菊花做填充物制成的枕头。但是做这种枕头需要大量的菊花而且不管填充多少，菊花都会枯萎，所以无法将枕头填满。于是，画有菊花图案的枕头也被称为菊枕。

用来做枕头填充物的菊花，最好是选用野菊花，不过也有使用黄菊花的。

《谭海》里记载，菊花的枕芯，加上细密的丝绸，晚上用这种枕头不仅气味好，还可以消除头痛。《白河燕谈》中对菊枕为什么好作了解答，称菊花可以冷静人的头脑，并使人安睡，如果可以的话使用菊花籽就更好了，当然这个收集起来很难。

南宋著名诗人陆游有两首以"菊枕"为题的七言绝句。因为菊枕作为季节词语经常被使用，所以在俳句里也十分常见。

松本清张的短篇小说《菊枕》的原型是俳句诗人杉田久女的故事。故事情节大概是这样的，久女曾送给她导师高滨虚子一句"我为您做陶渊明的菊枕"这样的话。这句话实际上含有请使用菊枕并祝老师长寿的意思，但是身体虚弱的虚子却把这句话误解为没来由的话。最后，杉田久女被高滨虚子的"小杜鹃"组织除名，结束了自己悲惨的一生。

因为做菊枕了,所以在原野摘的菊花也少了 　　　　　桥本鸡二

把我自己作的歌放入菊枕中缝合 　　　　　　　　　池上浩山人

头枕菊枕领受南山的长寿 　　　　　　　　　　　　松尾いはほ

每天晚上头枕着菊枕希望能做到悲哀而鲜艳的梦 　　饭田蛇笏

为耶稣基督荆棘冠,为我菊枕 　　　　　　　　　　鹰羽狩行

枕头里的保险箱

私房钱藏在哪里好呢? 藏在画框里或者书架里都行,但是也有很多人把私房钱藏在枕头里。

江户时代的人们认为头下的枕头是酣睡时最安全的场所,于是设计出了箱枕这种很有创意的产品。

作为江户时代的主导者,商人家里使用的箱枕是长方形的中空的箱子,有在这个箱子上装一个隐藏的抽屉的,也有放上盖子兼做杂物盒用的。不久带锁头的枕头就演变成了可称之为保险箱的东西,这种东西也是从生活的智慧中产生出来的。

即使箱枕上没有附带抽屉,女性们也会留心在箱子的空隙部分放上重要的东西,不过还是带着盖子和抽屉的箱枕比较常见。至此,这之前一直被称作箱枕的枕头,就反过来被称作枕箱了。

那么在箱枕里面放什么呢? 放私房钱或者是晚上用的小东西都可以,当然这个因人而异。不过妓女一般放烟或者情书、催情药、事后处理用的枕纸等性器具以及春宫图、防身用的剃刀,等等。

箱枕非常实用。特别是旅行用的旅枕,以及一种被叫作“道中枕”的枕箱,它可以紧凑地收纳旅行所需的小物件。

以前从江户出发去伊势参拜,单程需要15天,从京都或大阪出发也需要5天,从东北和九州出发的话单程则要花费将近一个月的

信使枕

江户时代旅行途中使用的便携式枕头
（里面带有行灯、算盘、镜子等小东西）

上：妓院的箱枕（里面有行灯和小抽屉）
下：冲绳的冲枕，huujyou（立教大学博物馆学研究室收藏）

时间。所以，在旅行路上要带些必要的东西。根据《伊势道中细见记》的必需品清单，海外旅行用品包括，短刀、短裤、绑腿、头巾、短布袜、三尺手巾、扇子、砚台盒、洗澡用的手巾、小手巾、手纸、旅行指南、便条本、大钱包、小钱包、腰包、掏耳勺、小算盘、秤、大小包袱、药品、针灸工具、针线、梳头工具、灯笼、蜡烛、火把、雨衣、草帽、便当、晾晒湿衣服的网、小镜子、便携日历等。江户时代的旅客就将这些东西娴熟地收纳在枕头里。还有一种枕头也非常实用，那就是信使所用的枕头。他们将重要的文书放在腰包里，腰包白天系在腰间，晚上用来当枕头，当然也有使用带锁头的收纳信件的箱枕的。

日本通运株式会社的史料室里陈列的信使用的箱枕，是在皮制的小包上面装上皮的靠垫枕头的样式，头很容易枕上去，我想枕这样的枕头应该会很放心。

江户时代的旅途中用的枕座灯和便携枕是和座灯、小镜子、算盘、杂物盒等组合使用的。我做馆长的神宫征古馆里也收藏有一个明治初年在伊势古市的游廊备前屋使用的插小蜡烛的枕座灯（参照卷首插图）。

过去到了晚上，上厕所需要经过黑暗的长长的走廊，于是人们便从枕头下的抽屉里拿出座灯，当时火柴还没普及，也不知人们是怎么点火的。反正客人应该是在妓女的引领下，东倒西歪地走过去的吧。

中国汉代淮南王刘安也在枕头里藏了一本道术的秘书不让别人看。于是就有了被称作"枕中的鸿宝"的小故事。如果被人知晓在枕头里或者枕头下藏了重要的东西的话，那些以偷盗这些宝物为目标的小偷、盗贼就会出现了。他们也就是所谓的"趁人睡觉时偷窃财物的人"。所以睡觉时绝对不可大意。

兼用作储物盒的枕箱不仅可以作为室内和旅行途中使用的工具，渔夫们在海上也会使用。

那就是在乘船出海的时候，装鱼钩、天蚕丝、织网针、烟、火柴等小物件的木箱子。这个东西也被称作"冲枕"、"冲箱"或"钓笥"，在冲绳被称作"フージョウ（fuujyou）"或"フジョウ（fujyou）"。

渔夫把装烟的工具叫作"フジョウ（fujyou）"。这个也兼做枕头用，被称作"海フジョウ（fujyou）""カタパーフジョウ（katapaafujyou）"。在冲绳的先岛它被称作"マーラン、ナーファ（maarann、naafua）"。"ナーファ（naafua）"指的是枕头，该枕上边

的两端呈稍稍凸起的形状，这样设计是为了使头能够更舒服地枕上去。这个枕头似乎是因为和叫作"马舰船"的大船形状相似而得名的。

冲绳诸岛是多珊瑚礁的危险海域，在过去往返于孤岛之间是一件非常危险的事情。叫作"フージョウ (fuujyou)"的枕头内部是空的，如果发生意外可以在海上漂浮，是很重要的东西。

立教大学博物馆学研究室收藏的冲枕中间有一根长绳子。或许这根绳子在关键时刻也可以作为救命的工具。

伊势志摩的渔夫在出海的时候也带着装有贵重物品和重要小工具的木箱子。他们把这个木箱子放在枕边，必要的时候也用来做枕头。鸟羽的海之博物馆里就收藏着一个这样的木箱子。

江户时代的国学家、纪行家菅江真澄的《小鹿的风铃》里有，"枕箱宽一尺有余，装有烟草、鱼钩等物品，晚上用它来做枕头，梅雨季节也不离身"这样的记述。另外，在青森县上北郡等地，作为嫁妆，枕笼是必须携带的。里面装着化妆工具、针线等东西。该地女人也像男渔夫带着枕箱那样不离身地带着它，但它似乎没有用作枕头的时候。

偷情枕头

偷情指的是偷偷地到情人的住处去。按理说应该不会有人带着枕头去偷情。可是江户时代以来，却有一种木制的便携式枕头被俗称为"偷情枕头"。

悠长之夜，怀抱偷情枕头从容前去 (安永年间的川柳)

把坚硬的榉木巧妙地打穿，再折叠一下就变成了一块3厘米厚的拱形木板。偷偷把它放入怀中，谁都不告诉，偷情枕头因此得名 (参照卷首插图)。

如果把它摆放成X形的话就变成了一个10厘米左右的木枕头，同样也有变成Z形的。

原本这个枕头是旅行时使用的，老人们也把它带到温泉疗养地或者是说书场去。请注意哦，它可绝对不是用来偷情的！

这种枕头大多都是用榉木等坚硬的木头做的，随着使用的增多、磨损的加剧，树木的美丽外皮就露出来了。据猜测，这种枕头可能是江户时代，建造城池或寺庙、神社的木匠将柱子等地方切割下来的边角料加以利用，努力地加工制作成了这种枕头，以此还得到同伴"这个很稀罕"、"做工真精致"之类的表扬。于是为了炫耀自己的技术，木匠们就利用闲暇时间精心地制作这种枕头，随后它就逐渐被广泛使用起来了。

在朝鲜和冲绳自古就有类似上面所说的"偷情枕头"。在冲绳，这种枕头用楠木等做成，被叫作"アジマックァ (ajimaffa)"，是十字枕头的意思。

现在，在冲绳、木曾福岛和飞弹高原等地的特产店也还有这种枕头出售。在木曾，这种"偷情枕头"被叫作"乐枕"，是用从菲律宾进口的柳安制成的。在日本各地的山沟里也有偷情枕头，现在是被当作特产的民间工艺品。过去的枕头都有讲究的曲线，是工匠用心制作的手工艺品。现在的枕头承载头部的部分多数都是平的，并且是批量生产的，手工的韵味都已消失不见了。

除了偷情枕头外，日本也有其他种类的可折叠的枕头。如江户时代的木头、竹子或皮制的组合式的箱枕，还有使用了鲸鱼胡须的枕头。

在还没有钢制的或其他金属弹簧的时代，鲸鱼的胡须因为轻又有弹力而且结实，在江户时代被用作弓箭、活动偶人的弹簧等使用。鲸鱼胡须也有被应用到枕头上的，多用于制作折叠式的靠垫枕。

在西非的几内亚等地，也有可携带的木枕头。这些枕头上带有锁头和钩子，人们可以将钩子别在腰上提着枕头移动。为了防范盗贼，人们也可以将贵重物品锁在枕头里睡觉。如果枕头被移动了人就会醒，所以比较安全。不过与日本的箱枕和可携式枕头比起来，总觉得有些幼稚。

还有一种叫枕箱（枕盒）的东西，这是一种放枕头的家具，和枕箪笥相似。虽然据说枕箱是在客栈和妓院使用的东西，但是据《古事类苑 器用部》记载，过去每家都有这种枕箱。我也买过一个刻有安政四年（1857）年号的被称为"枕箱"的木箱，里面装了10个涂了红漆的木枕头。每个木枕头的大小为长14厘米、宽5厘米、高6.5厘米。这和之前说过的唐三彩的陶枕、神灵的枕头的尺寸基本相同。我试着枕了一下，高度适中，而且三面都可以枕，相当不错。木枕头可以缓解肩酸和头痛，用惯了的话可以枕着睡午觉。可是，这一组10个枕头是被携带到哪里去的呢？因为枕箱上用墨写了一个人的名字，所以应该不是客栈和妓院使用的东西。两个一组的话还好，10人份的话就显得稍微有点多了。我想这种枕头或许是在诸如伊势讲经会或庚申待等一些晚上集会的时候用来小睡的。

枕头的迷信与民俗

很多地方都迷信这样一种说法，叫作"枕神"的神灵会在睡着的人的枕头上，也就是头的前方站立。

伊势地区也迷信夜间神灵会守护在枕头上，所以睡觉的时候不能把不干净的布袜放在枕头上方。

长野县北安云郡和兵库县城崎郡等地有"我的枕神，在我打瞌

折叠式枕头

用鲸鱼须做的便携式枕头（明治时代）

江户时代的组合式枕头

枕箱（里面装有10个木枕头，
安政四年刻字）

左：非洲的木枕（睡觉时可以
　　将贵重物品锁在枕头上
　　以防被盗）
右：西非的木枕（带有一个可
　　以挂在腰上的钩子，方便
　　携带）

睡的时候就把我叫醒"这样的咒语。人们相信念诵这句咒语睡觉的话，在想要醒来的时候就一定能够醒来，小偷进屋的时候也马上就能察觉。

还有人相信枕头可以为人制造梦境。《古今和歌集》里就有凭借枕头摆放的方位，就可以梦见自己思念的人这样的和歌；还有人为了做个好梦而在枕头下面悄悄放上画有宝船的画，这件事后面还会记述；还有人相信"梦都是反的"，即使做了噩梦，也会朝相反的结果去预想；还有在枕头上画上貘让它吃掉梦的；祈祷在梦里见到枕神的；虔诚地向枕头寄托自己的愿望睡觉等迷信活动。

枕头虽然是"物"，但它同时也是在清醒与睡梦之间的时间性象征。

扔、踢枕头或者是跨过枕头、踩枕头这些行为在日本全国都被看作是忌讳。名古屋地区的人们认为，坐在枕头上的话屁股就会长瘊子、踩在枕头上就相当于踩了那个人的头。

在很多地区，人们都相信扔、踢或者坐枕头都会引起头痛。劝诫这些粗鲁举动的俗语也有很多，这可能是因为人们坚信枕头是灵魂寄居的场所的缘故吧。

在会津和石见地区是不可以把腰带放在枕头上睡觉的。富山地区也认为这样做会使人久病缠身，所以也忌讳这样做。

爱媛县的人则认为把腰带放在枕边睡觉的话会梦见蛇。

把称重工具斗当枕头使用这种做法也被看做是一种忌讳。

岩手县花卷地区的人们认为，把斗当做枕头，会使人一辈子卧床不起。根据《比喻尽》里的记载，武士把斗当枕头的话最多就只能得到一千石的俸禄。当时的斗和木箱枕的造型很相似，所以男下人们一定会不知不觉地就把它当枕头用，而受到责骂吧。

在会津、新泻和石川县，有一种给喝得烂醉如泥的人枕笤帚的习俗。秋田县山本郡的人们认为，给因洗澡时间过长而头晕的人枕筲帚的话，症状就会有所缓解。

东北地区迷信在枕边放上刀，婴儿半夜就不会哭。那里的人也有在经常梦魇的人的枕边放上刀的习惯，但是这些行为都是很危险的。

想几点起床就在枕头上敲几下，这样就能准时起来；半夜清洗枕头就会生病；诸如此类的和枕头有关的迷信还有很多。比较夸张的是青森县五户地方的传言，女人在男人睡的枕头上跨过去的话就会怀孕。虽然听起来像笑话一样，但枕头确实是那种具有灵性的物件，所以就被赋予了很多特别的禁忌。

世界各国关于枕头的迷信有很多。根据《英语世界的民间信仰·迷信》(大修馆书店) 中的记载得知，十七世纪的英国占卜书上记有，把月桂树的叶子放在枕头下面的话，做的梦就一定能够应验；把奶酪最初切下来的一片放在枕头下的话，年轻人就会梦见自己的恋人。奶酪虽然有点臭，但总觉得和拿破仑的轶事一样是真实的。旧约圣经《路得记》里有在枕头里放上6便士的钱，就会在梦里与恋人相遇的故事。也有把收到的婚礼蛋糕放在枕头下面的说法，只不过这样一来恐怕做的梦也和蛋糕一样破碎了。

世界上广泛流传着在睡着的孩子的枕头下放上钥匙的话，就能够保护孩子不受恶魔的侵害的说法。

在之前关于菊枕的记述里已经说过，在英国和北欧等地有把雏菊放在枕头下，可以缓解头痛、让头脑更清醒的说法。还有一些十六世纪的迷信很有玄幻色彩，比如八月份正值太阳位于狮子座的时候将黄色的菊花摘下来，将它们和狼牙一起包在月桂树的叶子里放在枕头下面，这样小偷来的时候也可以马上醒来，还能治疗热病。除此以外，据说还有新婚夫妇把玫瑰花塞进枕头的习俗。

日本人迷信把剁碎的洋葱放在枕边，可以起到安眠的作用；把南天竹的叶子放在枕头或者床铺的下面可以消除噩梦；把八仙花包起来放在枕边会财源滚滚；把佛龛上供着的菊花晒干装在枕头里会消除头痛。

昭和四十六年 (1971)，不知道是谁说的，为祈祷父母和老人的长寿，把紫色的坐垫和寝具做礼品之风盛极一时。这一风潮迅速传遍全国，紫色的枕头和枕头套销售一空，不过这种热潮只持续了一年就结束了。像这样的新流行，没有什么特殊原因是很难长时间延续下去的。可是自古流传下来的与红白事、特别是与葬礼有关的习俗是不容易改变的。下面我们一起来看看其中和枕头有关的习俗吧。

枕头的婚丧礼仪

在佛教里，人死之后首先要"改枕"，即头朝北停灵。然后在枕边放一个颠倒的屏风，同时还要在枕边放上装饰品。

装饰品指的是在一个小桌子上面放上线香、烛台、花瓶也就是所谓的"三具足"，除此之外还要供奉水、一碗饭、枕头江米团和四种莲花等。

关于头朝北停灵之前已经有所介绍，日本各地都有厌恶北方的风俗。洗好的衣服不朝向北晾晒；不允许把铁壶、水壶、灶台口朝向北；婚礼的梳妆台和衣柜不朝向北摆放；神龛和佛龛也避免朝北等。这种北方是死人的朝向的观念根深蒂固。

头朝北停灵的"改枕"做法，在鹿儿岛县宫之城被称作"取枕"。柳田国男的《葬送习俗语汇》里详细介绍了在隐岐，有死者的直系亲属踢开死者枕头的习俗。也有把"改枕"称作"支度"或"枕起"的地方。

江户时代大多使用高枕

青森县的"屁股枕"
（出自《综合日本民俗语汇》）

　　虽然大部分人认为头朝北睡觉是不吉利的，但我曾在一本书上看到了一种奇怪的记述。"婚礼的晚上要头朝北睡觉，禁忌朝向别的方向。"这种说法我竟然至今为止从未听闻过。这是《日本国语大辞典》(小学馆) 引用《俚语集览》(太田全齐编：1997) 中的内容。

　　究竟哪些地方有洞房之夜夫妇要头朝北睡觉这种习俗呢？新婚之夜被看作神圣的夜晚而要特别对待这点我可以理解，但我觉得这件事有必要再调查一下。

　　在死者枕边供奉的"枕团子"也叫"枕供"。人死后马上供奉这个东西的习俗是源自一个佛教典故。无边菩萨在释迦牟尼生前奉上这个，但是佛祖没吃，所以佛祖死后菩萨马上就供奉上了"枕团子"。

　　"枕饭"同样也要在人死之后马上做好。因为死者一断气就马上要去善光寺参拜，所以它就相当于"便当"，不快点做出来就不能出发，还要在一碗饭上插一双筷子。

"枕经"指的是为了促成僧人成佛而在其死后马上在枕边念诵的经文。江户时代因为禁止传播基督教，所以念诵枕经也就相当于进行遗体检查了。

"枕附"在奈良县宇智郡指的是在死者枕边摆放的供品。在冲绳的伊是名岛指的是把瓶装的酒放进枕头一同收入棺材。

"枕火"指的是在死者枕边摆放的灯火，也叫"枕灯明"。

"枕花"指的是在死者枕边放的那束花。

"枕石"指的是作为坟墓的标志，刻有死者戒名的立在墓前的天然石头。按照《日本宗教事典》(弘文堂) 的记述，因为人们信奉枕头是灵魂的寄居场所，所以考虑到那个石头上寄居着死者的灵魂才叫它枕石。在对马这个地方，家人会到海边踢石子，在踢中的小石子中选一个拿回来，放在死者的枕边，把戒名刻在上面，然后放进遮盖坟墓的木造的棚子里，5年或者10年后就做成了墓石。

根据《综合日本民俗语汇》(平凡社) 的记载，被看作是古时候的石碑的枕石，越来越多地被发现，也有用叫作川原的水枕石代替墓碑的。

"枕返"是指将睡着的人的枕头拿掉然后垫在其脚下的鬼怪故事。前面我也介绍过这种故事，但在石川县能登半岛有把遗体的下肢弯曲的做法，这样更容易将遗体放进棺材。广岛县佐伯郡等地也把僧侣念诵枕经的行为叫作"枕返"，此外，还有用这个词指代去通知别人死讯的地方。

"枕米"指的是在熊本县下益城郡，向遭遇不幸的家庭赠送的晚饭。据说给公公婆婆的话要赠送一到三袋米。在京都府丹后的海岸地区，儿子或女婿要赠送一袋米、一桶酒。听说在爱知县的北设乐郡，把葬礼之后向寺庙赠送的米称为"枕米"。

《日本民俗学辞典》(中山太郎、昭和书房) 中记载，在青森县鲶泽町附近的地区，搜寻遇难渔民遗体时，如果找不到的话就举行一种叫作"枕替身"的假火葬。这是把死者携带的烟盒或者死者用过的枕头，作为死者的替身埋进坟墓，不过烟盒一般都带在死者身上，所以一般都是使用枕头来做替身。这也就是枕头被视为灵魂寄居所的很好的例证。

关于葬礼的枕头就说到这里，接下来介绍一下与喜事有关的枕头吧。

生产后的第二十一天，产妇离开产床恢复正常生活也被称为"改枕"。

这是因为产妇用的高枕头，从生完孩子的第二十一天开始要恢复到正常枕头的高度。然后，亲戚朋友还会聚在一起举办喜宴。以前产妇都是坐着生产的，据说要一直坐七天。在岩手县的北上市，把产妇伸直腿睡觉称作"取枕"；在福岛县的大沼郡和秋田县的北秋田郡则叫作"抽枕"。

石川县金泽市附近地区的产妇也是第七天从产室出来，在产室里的生产姿势是身后倚着东西，身子左右拉着扶手的坐姿。到第七天才可以"改枕"，静卧在榻榻米上。

在岩手县紫波郡及偏远地区，把24束稻草扎起来做成产妇用的枕头，产后每天早上抽出一束，一周之后就变成了普通枕头的高度。这种做法被称作"降枕"。这里面似乎也含有为分娩驱邪求福的意思吧。

有很多地方都用21束稻草扎成产妇用的枕头，每天抽出一束，这样到了第二十一天所有稻草都被抽没了，这种做法被称作"抽枕"。除此之外，新潟县柏崎市附近地区产妇的枕头都是用12束稻草制成的。产妇把这种枕头放在身旁，然后盖上被子，从产后的第七天晚上开始每天抽出一束稻草，到第二十一天就都抽没了。

青森县也把从进入产室第七天开始睡在被子上这件事叫作"抽枕",意思是产妇为了在被子上睡觉把枕头撤走。

熊本市有一种从江户时代传下来的叫作"村田枕下振药"的传统药物。这种药是宽政年间熊本藩藩主细川侯的御医村田三节创制的。是一种产妇也可以放心服用的治疗产前产后月经病、月经不调、更年期障碍等病症的妇科良药。生活在能买到这种药的地区的人们是幸运的。还有一种为了缓解产妇产后腹痛的迷信方法,就是在产妇不注意的时候用烧红的铁筷子刺产妇枕头里的稻草,人们相信这样可以消除产妇的疼痛。过去的妇女可真够辛苦的!

《综合日本民俗语汇》里介绍了一种叫作"屁股枕"的有趣的风俗习惯。

在青森县上北郡有田等地,跨年的晚上一家人围在火炉旁,按照老幼的顺序枕着人的屁股睡觉,因此叫作"屁股枕"。

这种风俗和除夕夜的"通宵斋戒祈祷"的风俗可能有一定关系。过去一般情况下人们在除夕夜是彻夜不眠的,即使睡觉也不能用"睡觉"这个词,而要用"堆积稻谷"来代替,因为"睡觉"在除夕夜是犯忌讳的词。人们迷信如果夫妇在除夕夜睡觉了的话,插秧第一天就会下大雨,这对年轻夫妇来说实在有些忍受不了。可能"稻谷"这个词和古语里"睡觉"这个词相通,所以在新年里要把"睡觉"作为忌讳的词避免使用,而选择用"稻谷"这个词代替。为了迎接年神,不让自己睡着,而采取互相枕着屁股的姿势度过一夜,想想就觉得这种习俗非常好笑。

和尚枕和箱枕

对人来说,枕头为什么是不可或缺的呢?或许也有不用枕头也能睡着觉的人吧。不过一般情况下，人仰卧的时候头会比身体稍低些，这样流向头部的血量就会增多。

于是就需要用枕枕头的方式将头垫起来，这样流向头部的血就会减少，自然而然地就形成了头寒脚热的现象。所以即使从人体工学的角度考虑，枕头对人来说也是必要的生活用品。为了睡得舒服人们就顺理成章地用起了枕头，但随着时代的变迁，人们的发型会有所变化，枕头的形态也随之产生了变化。

近世的代表性枕头还要属箱枕。

箱枕指箱形的木枕头。箱枕的做法是，在梯形的箱子上放一个叫作小枕的括枕，再在上面铺上枕套或枕巾。

大正时代初期，也就是直到大约80年前，几乎每户人家都普遍使用这种箱枕。但现在，这种枕头在一般家庭已经完全看不到了，只有在民俗资料馆里才能见到。

箱枕是从古代、中世的木枕演化而来的，也可以将其视为括枕和木枕的合体吧。但是现在还无法确定箱枕是从什么时代开始被广泛使用的。

在荣西禅师的《沏茶养生记》里有，使用做成箱形的木枕有消除头风（头痛）、避免做噩梦、辟邪、容易睡醒等一系列好处的记载。所以我认为箱枕应该是在镰仓时代就已经存在了。总而言之，只用长方形的木枕头，头枕上去也不会稳定，所以靠垫也是十分必要的，后来就发展成把手巾卷成卷或是折叠好放在上面的形式了。

兼好法师在《徒然草》里写道，"女人只有发髻美，才能吸引人的目光。"黑油油的头发是美女的必备条件。所以为了避免弄乱发型，人们也在枕头上下了不少功夫。

我无法详细介绍发型的历史变迁，不过粗略地说，奈良、平安时代的女子梳的是把长头发垂到背后的垂发型；自镰仓时代中期

江沪时代的发型（正因为这样的发型，箱枕才成为了必需品）

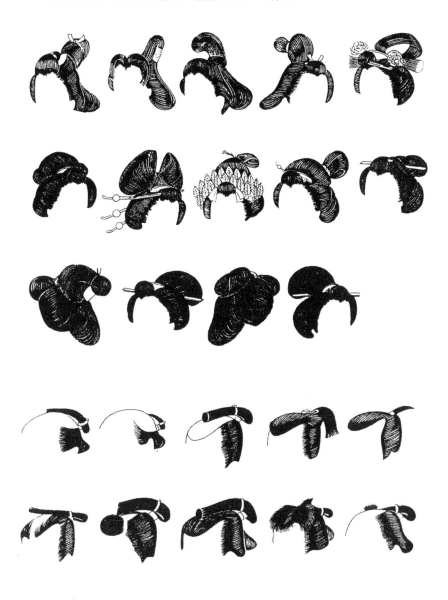

开始人们为了更方便劳动而产生了结发的风俗；桃山时代以后产生了各种各样的发型；江户时代至明治时代初期，在文献和画卷上能够看到的女性的发型已经超过了300种。

其中比较多见的发型有，岛田发髻、兵库发髻、胜山发髻、银杏卷、圆发髻等用鬓发油将头发卷成卷固定在头上的样式。元禄时代以后的人多数将鬓发留在头的两侧，留出一个较大的燕尾，因此为了避免发型损坏，就有必要使枕头与脖子接触，尽量让头碰到枕头的面积缩小。

男子也是一样，在采用美豆罗、乱发、垂发等发型的时代，多使用长方形或四角形的木枕头，或者是在此基础上贴上布或糊上纸的"张枕"，或者是由草枕演变来的括枕（经枕、缝枕）。由此便产生了剃一种叫作"月代"发型的潮流。茶笼发型和对折发型等发根高高扬起的丁发髻流行起来之后，男人也必须和女人一样使用和这种发型相适应的箱枕。

箱枕一开始也像它名字那样，是将木枕里面掏空的箱形。但享保时代开始，为了让箱枕更稳定，人们就把箱枕的底部做得更大，再放上头枕的小枕头。那种形状就像弓箭场上摆放靶子的山形的填土、垛（堋、射垛、安土），所以箱枕又叫垛枕。近世以来，这种形状的箱枕成为主流。

据《用舍箱》这篇随笔记载，虽然垛枕是近年的产品，但是很多年轻人不知道它的名字，一般都不叫它垛枕，更广泛的是叫它箱枕。

江户时代的《婚礼法式》的"被褥"部分里记载，两个箱形枕头上面都有黑色泥金画，图案一面是貘，另一面是家徽，这就是正规的样式。这本书里还记载了枕头没有固定的尺寸。随笔《守贞漫稿》中也记载了，把两个枕头放在一个桐木盒子里带来，枕头是

女子用船底枕

农民等使用的箱枕(在枕头上放上右侧那种小枕头,然后用绳绑在一起)

江户时代客栈使用的桐木制的船底枕

江户时代的箱枕(侧面记有"貘"字样,伊势市角屋生活用具馆收藏)

町人用的拨形枕(小枕头里卷有奉书纸)

和尚枕(昭和初期被广泛使用)

桑树或桐树做的,呈垛形,用金粉涂上自己的家徽。

作为婚礼家具的貘枕在书面上被写成不尽之枕、祝之枕、爱敬之枕、丹之枕等名字。但其实枕头的形状并没有改变,只是被叫成了喜庆的名字而已。

垛枕的材质多是桐木、桑木、榉木,在上面放置的小枕头是用圆形的丝绸或棉质袋子装上荞麦壳、稻壳、红豆等做成的,头枕着的地方用两三张白纸、枕纸卷成卷,在中间用扎头发的细绳将小枕头和下面的木箱系在一起固定住。这个小枕头上面铺的枕纸由于很容易被鬓发油污染,所以上等家庭每天都要更换枕纸。这种枕头是日本独有的。

箱枕有很多种类和名称。

交枕(指枕)取男女把枕头放在一起共眠之意。虽然形状并没有特别的变化,但在花街柳巷就把垛枕叫作这个名字。

很想睡在名字就叫月亮照射时男女一起睡的指枕上(俳谐·昆山集)

船底枕指的是把底部做成船底那样的弯曲形状的箱枕。这种枕头因为枕起来比较容易翻身,所以十分流行,很多女性都喜欢使用。

拨形枕又叫砧石枕,这是与弹三味线等弦乐器的拨片形状一致的枕头,也叫丁字枕。另外,还有御守殿的女佣为了防止发型在睡觉的时候被破坏,而将侧面挖成弓形的御守殿枕。这种枕头里面有抽屉,可以放烟盒或杂物盒。江户中期到末期,出现了带锁头的可以用作保管箱的御守殿枕。还有被称作"吉原枕"的一种可以放入焚香器具,并可以点香的伽罗枕(香枕)。关于这个枕头我会在其他分项中进行介绍。

在有明行灯昏暗灯光下的两个枕头旁边,摆放着烟盆、水壶、御簾纸这样的场景,对我们这个时代的人来说应该是遥远的古老的梦了，但过去的妓女因为经常使用箱枕，耳边都生出胝子了。这种胝子被称为枕胝子，据说妓女从业以来的年头就包含在枕茧子中。如果枕习惯了的话，箱枕或许是个不错的东西。但对于现在的我们来说，对用那样的枕头睡觉确实感到十分钦佩。另外，过去的箱枕不是在褥子上使用的，一般都被放在被子外面。所以箱枕的高度也比较高。

现在一说到箱枕，都会想到上面附着小枕头的箱枕。但是在过去箱枕就是一种小的箱形的木枕头，那种简易的箱枕在整个江户时代都被使用。在第四章"枕头的游戏与曲艺"一节中我会写到箱枕，那里的箱枕指的是像升一样的箱形枕头。因为一直把船底枕和安土枕看成箱枕，所以应该有人认为那个枕头是木箱而不是枕头。

记得在我对枕头还一无所知的时候，也曾在伊势市二轩茶屋的角落和生活用品资料馆里看到过一个涂着伊势春庆涂料的方木盒一样的枕头。这个枕头是一个长15厘米、宽4厘米、高9厘米的小箱子。最初我没想到这是个枕头。因为它上面雕刻出了沟槽，并且是在茶店使用的，因此我本以为是盛田乐料理的容器，但当看到了一个歪歪扭扭的"貘"字的时候，我才反应过来这原来是个枕头！

这个茶店以二轩茶屋饼闻名，已有400年历史。过去这里是尾张、三河地区走最短水路到伊势参拜途中的停靠点，所以去参拜的人们都在这个茶店换下被潮水打湿的衣服，再到外宫和内宫参拜。过去参拜的人们都会在这里随便地躺在这个枕头上稍微休息一会儿。形成沟槽的地方应该是茶客们把各自的手巾替代小枕头枕上去所造成的吧。

和尚枕指的是上面放着的小枕头型号较大的垛枕。所谓的括枕，是指里面装上棉花或者荞麦壳、稻壳、剁碎的稻草、茶叶等东西，把两端扎好，蒙上布使用的枕头，有些括枕两端还带有穗子。这种枕头的始祖应该是草枕，是自古以来就存在的。但与江户时代留着丁发髻的女子主要使用箱枕不同，没有发髻的僧人和儒者等男子都使用这种括枕，所以它才被叫作和尚枕。

由于明智四年八月的太政官布告发布了断发令，所以披散头发的发型和西式发型开始流行。自此，男人多用和尚枕，就连女人也开始使用这种容易安眠的枕头直至今日。

姐姐找出母亲的木枕，枕着它睡觉以保护头发　竹内彰雄（昭和2年作）

各种各样的枕头（近世～现代）

过去的人根据身份的不同，枕头也有所区别。

大约20年前，我在金泽市的乡土资料馆作调查的时候，讲解员麻利地给我介绍了各种枕头的区别，"这是武士用的枕头，这是町人用的枕头，这是农民用的枕头"。

武士家使用的箱枕一般采用轮岛漆法或若狭漆法，也有涂上加贺泥金画的。无论是设计还是漆法都是上等货。

町人用的枕头形状和武士使用的枕头类似，但是用的漆都是没有光泽的黑漆或红漆，枕头上的画也很简单。用春庆涂法涂上的漆也已经脱落，是相对便宜的东西。

生活在白山山麓草房里的农民，使用的枕头实际上是很简易的木枕头。

高级枕头的保存率比较高，所以在各地的博物馆和资料馆里即使看到了泥金画和螺钿的高级枕头我也不会感到惊讶。记得在白雪皑皑的白山里的白峰村，农民们只在夏天出去耕作，最后就定居在那里。我曾经在他们住的小草房里看到一种在榻榻米上使用的、把桐木切成圆片像臼的形状的枕头,还有一种叫作"午睡枕"的用杉树的圆木制作的枕头,我完全被这些简易的木枕头迷住了。这些枕头作为民俗资料也被指定为重要的文化遗产。

根据白山山麓的民俗调查报告书的记载,尾田家的老婆婆说"一枕在坚硬的木枕头上头就会疼,所以从很久以前开始就先把手巾卷起来放在枕头上,然后再枕上去。装着稻壳和茶叶的枕头是在最近五六年才开始使用的"。

在冲绳,高档枕头是红皮枕头。这是一种涂了红漆的皮枕头,枕头上还用金线和红漆画上了家徽和别的花纹图案。还有用木头或竹子做骨架,再糊上纸、涂上漆、画上图案的唐枕。

中档的是木制的涂了黑漆或红漆的没有花纹的箱枕。一般都是用适当的四棱木制作的木枕头。

作为高档枕头的代表,永禄五年(1562),在肥前入港的葡萄牙商船的船长赠送给肥前领主大村纯忠的、随黄金床铺附赠的天鹅绒枕头,可以算是其中一例了吧。

《谒见记》记载了天正十四年(1586),大友宗麟参观丰臣秀吉北面卧室时的情景。18张榻榻米大小的卧室里,摆了一张对个子很小的丰臣秀吉来说非常巨大的床,床单是绯红色的,在枕边摆放了黄金的雕刻品和书箱,还有唐代纺织品和丝绸棉袄等,大友宗麟看完之后十分震惊。不过这本书并没有记载丰臣秀吉的枕头是什么样的,想必也是十分豪华的吧。

据说庆长二十年(1615)新年,丰臣秀赖曾将进献的描金画枕放在一个桐木做的、嵌有红梅的御枕画的长方形木箱里,我想这个枕头也一定非常漂亮。

据文献记载,丰臣秀吉将军用的枕头是织锦的括枕,中间用红色的唐朝纺织品缠着,两边垂着红穗子。褥子是用和表演能乐时

左：桐木制的枕头（重要文化遗产，收录于白山山麓地域民俗资料）
右：像葡萄酒杯一样的江户时代的木枕

金唐革的枕头
（神户市立博物
馆收藏）

根来涂法的木枕
（濑津严收藏）

由五个枕头组成的梦想枕

《女人的世界》（荣松斋长喜画）

水枕

空气枕

穿的服装一样的厚料子做的，带有金线的边饰，将两张厚6寸左右的布重叠在一起，再在上面放上贴身的带有金线边装饰的红绉绸的床单。被子是5张厚料子布做成的，其中的两张是唐朝纺织品的白布上用红线刺绣着鹤龟松竹的图案，还有两张是带有鸳鸯刺绣的红色丝绸，贴身的是带有红衬的白绫。整个被褥简直像小山一样厚，因此枕头被忽略不计也是理所当然的。

作为现存的高级枕头的代表之一，神户市立博物馆收藏有一个金堂革的皮枕。

金唐革是十四世纪由西班牙发端、因十六世纪末的荷兰制品而风靡世界的西洋装饰皮革，是一种将含有金银的合金箔贴在皮革上，用高压将花鸟唐草等花纹图案印在上面的高级品。日本在江户时代初期引进金唐革，并将其加工成钱包等物品。曾在上至大名下至平民间都有很高的人气，但因其造价极高，所以基本上没有人用金唐革做过枕头。神户市立博物馆的藏品是桐木的，上面刻有凤凰和西洋美女图案的金堂革皮枕。

我曾经在石川县立乡土资料馆见过江户时代的白酒杯形状的红色木枕。当时我十分惊奇于这种枕头特殊的形状，那是一种就像把腰鼓立起来的形状，从上面看是直径8厘米的圆形漆器。这个木枕是在小松市搜集到的，对于现代人来说怎么也想不到这是个枕头。过去的人们在留有发髻的时代使用这个枕头，当时的人睡相好看吗？如果是现代人睡上去的话，半夜不知道头要从上面掉下来几次吧！不过我想这个枕头不一定是每天晚上都用的。可能是用来打盹儿或是携带使用的吧。

"根来枕"这种室町时代的使用根来涂法制成的木枕头，也是非常漂亮的东西。濑津严在《艺术新潮》（一九八四年十二月号）里介绍的根来枕的尺寸是长23.5厘米、宽5.3厘米、高10.5厘米。

枕头上面的中间部分有一个缓和的弯曲，周边稍微带了些边饰，这是一个使用方便、设计出色的枕头。枕头的长度和宽度恰到好处，形状也是古往今来不可或缺的好的形状。枕头内部是一个可以收纳贵重小物品的箱子。

根来是和歌山县的地名。在根来寺这个大寺院里修行的和尚们，为了让餐具更耐用，就在上面涂了黑漆和红漆，餐具被长时间使用之后漆就出现了脱落的现象，这样却反而给餐具带来了别样的韵味，于是人们就开始特意制作这样的漆器。

这种枕头是在一层黑漆的上面再刷上红漆，可能是在寺庙里被长年使用的缘故，稍一擦拭，表面的红漆就会剥落，里面黑漆的自然的花纹就会显现出来。濑津先生写道，这个枕头的漆法简直像被朝阳染红的破晓的天空，虽然这是个枕头，但我更愿意将它看成是美术品，我深切体会到正因为有喜爱它的人存在，它才得以流传至今，现代的枕头就单纯地只是个枕头，可是过去的人们或者是生活在原始世界的人们制作的枕头却蕴含了一些对现代人的启示。对此我深有同感。

近世的日本人使用的枕头，是明确区分男性用和女性用的。

由于发型的关系，括枕中的和尚枕主要是男性使用。之前也说到过，带有小枕头的箱枕是女性使用的。不过箱枕根据颜色和大小的不同，也区分男性用和女性用，黑色的是男性用的，红色的是女性用的。小枕头和括枕的两侧附带的穗子的颜色也是有讲究的。

即使在现代，根据颜色区别男女用的枕头仍然有很多。但这并不是日本独有的。连朝鲜李朝的木枕，螺钿的装饰花纹图案也有所差异。

　　得了感冒的妻子睡在男枕　　　　山口波津女

结婚时候作为新娘嫁妆的一对枕头被称为"殿枕"。据《雍州府志》记载，这种枕头是用只有5寸长的细木片编成四方形的指枕，或是把木板贴在编好的藤蔓两端再涂上黑漆的柔软的藤枕。这种枕头是特意制作的。据古书记载，出嫁的时候是忌讳带木枕特别是拨形枕的。原因是箱枕是带有棱角的，如果丈夫发怒就有拿它打妻子的危险。

粗糙的黄杨枕令人害怕，我也不相信同样有角（缺点）的朋友（新撰六帖）

是嫉妒吗？不要摔枕头，枕头没有任何罪　　　　　（小呗之一节）

现在枕头的创意商品有很多，报纸和周刊杂志上接二连三地出现相似的新产品的广告。我也想要能提高睡眠质量的枕头啦，防止打呼噜的安眠枕头啦等。我曾经在民间工艺品店里，见过一个涂漆的被叫作"自由枕"的复古风格的枕头。如果要说哪里自由的话，就是在箱枕上面放置的小枕头是可以拉起来的，像变速箱一样，这个小枕头的高度可以随意调节。这种创意古已有之。

说起"继足枕"，是把箱枕摞起来调整高度，或枕头腿的高度可以变换的一种枕头。这种在江户时代广为流行的枕头，也被叫作"梦想枕"。

有人说这种枕头是梦窗国师赠予的。但其实不是这样。梦想指的是被神佛启示这类的虚幻的事情。提出梦想、以及拥有梦想之窗等不可思议的想法，看似是内在的，但实际是披着梦想的外衣。这些江户时代的想法实际上是很了不起的。

另外，梦想枕也叫"入子枕"。因为这是一种把5个或7个细长的箱枕组成一套的套枕。表面看以为只有一个枕头，但打开来里面还有一个个不同尺寸的枕头。妓女们觉得这种设计很有意思，就让客人使用。使用这种枕头的人也可以挑选适合自己的尺寸，所以非常便利。

据文献记载，这种枕头只在京都和大阪被使用，江户没有人使用。但在幕府末期的《东海道名所记》里记有这种枕头在相模国制作、在小田原出售的事情。

据《嬉游笑览》记载，冲绳也有这种"入子枕"，但它在冲绳被称为"套枕"，意思是重叠的又长又大的枕头。

此外，不少人觉得睡觉时头还是稍微凉快一点的好。为此人们想了很多办法，让枕头可以正面反面任意翻转使用，并因此创造了许多种类的枕头。

砧石枕就是其中之一。把棉花或丝绸卷起来放在砧石形枕头上面，夏天热的时候可以迅速翻转到凉快的一面。方枕、三角木枕，还有中国的六安枕都是按照同样的构思设计的。

可折叠的折枕、可以做好梦的游仙枕等枕头也凝结了古代人各种各样的智慧。《类聚名物考》里介绍了最近被称为长枕的婚礼家具。这种东西是宴会上使用的。由此可见，枕头也有实用性和娱乐性的双面性格，创意商品并不一定都是实用性的物品。

《短歌研究》(昭和六十年二月号) 中有一首关于埃斯浓的和歌。

把重要的头枕在不知道装了什么东西的小枕头上凉快凉快　小池光

埃斯浓是商标，昭和四十年代 (1965 年左右) 出现了各种各样的可以放进冰箱里反复使用的新产品的化学冰枕。枕头里面的东西是像糨糊一样的物质。

水枕也被称作冰枕，多指用橡胶和防水布做的降温用的枕头。这种枕头是在明治三十年代 (1898~1908) 问世的，到了昭和初期这种枕头上加上了金属制的螺旋栓，变成了像汤壶一样的形状。后来又做了各种改良，用金属的弹簧可以将开口封死，不使用的时候不让橡胶粘在一起，防滑、不漏水等，一直沿用至今。

水枕里有冰山和寒冷的海水　　　　　　　　　　　　西东三鬼

　　这个句子是昭和十年 (1935) 冬天,作者在得了肺结核高烧持续不退的时候,半清醒的状态下忽然想出来的。头枕在红褐色橡胶制成的水枕上,枕头里的水哗啦哗啦地在耳边制造了很大的声响。因为枕头里面还放有冰块,所以也能清晰地听到冰山破裂的声音。

　　现在的冰枕即使冻上了也不会变得特别坚硬,但这种枕头刚出现的时候虽然很凉快但大多都不能与人的头完全匹配。

　　前几年的《生活手册》做的橡胶枕头与现在使用的化学冰枕的比较使用实验表明,在保冷性这方面化学冰枕更胜一筹,在换冰和清理、善后等方面也是橡胶枕头处于劣势。但是两者各有优点,需要灵活运用。

　　还有一种叫"空气枕"的枕头,这是一种用橡胶或塑料制成的枕头。使用的时候就用空气将枕头吹鼓起来,不用的时候就把空气放掉。而且,这种枕头还可以折叠,携带起来非常方便。过去的列车座席和扶手很硬,对于坐夜行电车的人来说,这种枕头是必不可少的东西。经常旅行的人在乘上电车后会从旅行袋里拿出空气枕和拖鞋。

　　现在有各种各样的枕头。包括理发店和牙医使用的椅子上安装的枕头,机动车座席上的枕头,儿童使用的面包圈形的枕头,叫作宝贝枕的设计成狗、熊猫或者蔬菜等形状的年轻人使用的宠物枕头,考生使用的写着合格等特殊字样的枕头等。现代的枕头形状也有很大区别,平角形的、圆形的、三角形的,还有其他各种形状的。

　　还有一种"磁力枕"。在人睡觉的时候,磁石会发出磁力线,作用于人的头部和脖子,这样可以缓解肩部酸痛让人更容易入睡。我不知道这种枕头效果究竟怎么样，但是这种枕头一度很流行。昭和五十九年 (1984) 秋天，有一位社长未经许可制造贩卖磁力医疗用枕，并因此获利一亿六千万日元，最后因违法使用药剂被逮捕。

根据《药剂法》的规定，目前需要得到厚生劳动省批准才能生产的枕头只有磁力枕一种。这种枕头于昭和三十六年 (1961) 与磁力皮带和磁力项链一同被认定为具有"促进血液循环、缓解肌肉僵硬"的功效。那位社长是因为盗用生产许可证号进行制造才被逮捕的。

磁力枕、按摩枕、离子释放枕、为了使头寒足热保持良好通气性因此在里面装了塑料管的枕头、表面贴着瓷砖或大理石的枕头、玻璃制的枕头、表面粘了人工珍珠的枕头、还有利用电子技术进行冷却的枕头、为了叫人起床内置振动装置的枕头等多种多样的枕头让人眼花缭乱。大家可以尝试一下。

枕头的填充物

现存的古代括枕很少。作为其中之一，岩手县平泉的中尊寺金色堂保存有一件里面装着稗子的藤原基衡的枕头。

据《日本书纪》记载，稗子是从保食神的身体生出的五谷之一。五谷包括谷子、稗子、小麦、大豆这四种旱田种子和水稻这种水田种子。稗子这种植物在日本自古以来就有种植，但因为味道不好所以最近基本没人种了。不过听说过去岩手县是稗子的主产地，所以把稗子作为干尸的枕头的填充物，也就可以理解了。不过，稗子也是有很多种类的。放进枕头里做填充物的是麦粒大且呈球状的"四国稗子"，这种稗子别名"广袤稗子"。据说四国稗子生命力强、产量大，因为不好吃所以一般都用来作牛马的饲料。

稗子在荒地上也可以种植,过去曾作为救荒、备荒作物在全国种植。

　　稗子、谷子、黄米特别是豆类比起稻草和稻壳来说,头接触上去的感觉更好。所以过去高级枕头里也有填充稗子的。不过把谷物这种贵重的、能作为食物的东西用来填充枕头,过去人肯定觉得这是一种极大的浪费。而且,把成熟的谷物放进枕头的话也容易生虫子。因此,人们更多是使用稻壳和荞麦壳来填充枕头。特别是荞麦壳,直到现在还在作为填充枕头的合适材料而被广泛使用。

　　荞麦并没有被包含在五谷之内,这或许是因为它是在五谷之后传入日本的缘故。也有报告称,在绳纹晚期的遗迹发现了种植荞麦的痕迹。但是那很有可能是后世人混进去的,目前还不能明确它的具体传入时间。据推论,荞麦可能是在八世纪左右从中国经由朝鲜半岛传入日本的。最早的关于荞麦的文献记载见于《续日本纪》。据该书记载,养老六年(722)七月的鼓励农耕的诏书里有作为救荒的应急对策让农民种植荞麦的内容。

　　荞麦比较适宜在凉爽地区种植,而且对土地条件也不是很挑剔,在山间和贫瘠的土地上均可种植。荞麦两三个月就可成熟,过去日本各地曾广泛种植。

　　枕头里填充的荞麦壳是荞麦粒最外面的黑褐色的果皮。因为荞麦的麦粒很小,所以完全将麦粒和外壳分离是很难的。过去主要的办法是用连枷或者球棒击打,用筛子或者扇车进行筛选。近年来也有给荞麦注入水分,然后快速加热再进行猛烈撞击的方法,或者是用食用油炸荞麦等等的方法。不过用食用油炸完荞麦,荞麦壳容易破碎也容易渗入油脂,所以就不能再用来作枕头的填充物了。

　　适合用来填充枕头的荞麦壳要像开放的花蕾那样稍微开口,

而且即使把麦粒去除也要保持三角形的原形。据《荞麦的科学》（长友大、新潮选书）中的介绍，有一个叫"日壳制粉"的公司就专门研究出了荞麦壳的分离方法，并且于昭和五十二年（1977）获得了发明专利。

"你现在用的是什么样的枕头？"这样的问卷调查结果显示现在排名第一的也是荞麦壳枕头。

荞麦壳更容易散热，恰好可以起到给头部降温的作用，而且即使头来回转动也没有太大的噪声，用它来做靠垫也是很适合的。即使同样是使用荞麦壳做的枕头，也有人喜欢相对坚硬一些的，有人喜欢相对柔软一些的。只要在枕头里掺入木棉做成半荞麦枕，这个问题就可以解决。而且，从江户时代开始这种枕头一直很流行。

那么枕头里放进多少荞麦壳合适呢？根据《粉的秘密、沙的迷》（三轮茂雄　平凡社）这本书的介绍，在枕头里充填谷物的壳或者沙子的时候，每个粒子与相邻的粒子之间都应有数个、或数十个接触点，这样可以起到分散振动能量的作用。据我调查最近市场上出售的量产的荞麦壳枕头，发现以体积为八升的居多。

实际上10升大小的枕头枕上去才更有安全感，手工制作的荞麦壳枕头以10升为基准比较好。

荞麦壳枕头的缺点是，长期使用的话里面的荞麦壳会粉化，而且如果放在湿气较大的地方会容易落灰和生虫子。特别是如果荞麦壳里还残留有荞麦粒的话就更容易生虫子。20年前人们都是在里面放上BHC等杀虫剂，现在则是用热风杀死虫卵进行消毒。另外有必要把枕头经常放在日光下晒一晒。新枕头的高度随着时间的推移可能会稍微有些降低，所以有必要准备补充用的荞麦壳。不过没必要预料到枕头高度会降低就直接买一个高枕头回来。过

现代的荞麦壳枕头

木棉的枕头、
木棉的树木和果实

去的母亲经常拆开枕头,把里面的荞麦壳清洗、晾干之后再填充回去,这样的枕头饱含母亲浓浓的爱。

自古以来,稻壳就是很容易买到的东西。过去稻壳也是平民的枕头里用得最多的填充物。现在市场上卖的便宜枕头里,也有很多用的是稻壳。稻壳枕头的缺点是有些沙沙的响动而且稍微有些轻。

对于日本人来说,大米是主要食物。作为大米副产品的稻草和稻壳也没有被扔掉,而是最大限度地被利用。针对这件事,宫崎清的《稻草Ⅰ·Ⅱ》(法政大学出版局)和《图说稻草的文化》(法政大学出版局)里都有详细的介绍。不仅是稻壳,过去人们也把稻草切碎填充到枕头里。

也有把茶叶填充到枕头里的情况,这种枕头叫茶枕。

一日三餐自不必说,日本人即使平常喝的茶叶也不扔掉而是耐心地积攒起来,等干透后就放进枕头里。也可以把茶叶和稻壳混在一起装进枕头里。因为茶叶味道很好，可以让人心情舒畅地休息，所以喜欢用茶枕的人也有很多。冲过几次味道变淡的咖啡豆也可以像茶叶那样装进枕头，只不过如果潮了的话就会发酵、变臭。梅子的种子也可以作为枕头的填充物。而现在市场上和荞麦枕的销量不相上下的是木棉枕。

木棉枕的使用者中也有很多不知道木棉究竟是什么东西的人。东南亚的热带地区出产一种叫吉贝（Kapok）的树，包裹它的种子的棉毛状的纤维就是木棉。

这种树是可以长到15米高的落叶大树。树的果实长12厘米、呈直径5厘米左右的椭圆状，果实里有15个左右被纤维包裹的种子。这种纤维是像丝线一样轻且有光泽并富有弹力的木棉。

吉贝在马来语里被叫作帕尼亚（Pania）或帕尼亚拉（Paniala）。这种树因江户中期的南蛮贸易传入日本，并且日本人所熟知的"木棉"（Panha）一词也来自葡萄牙语。《大和本草》里有这样的记载，"斑枝花是树，虽然一般被叫成木棉，但木棉是不同的东西，斑枝花是蛮语"。

井原西鹤所著的《日本永代藏》中记载着"枕在木棉枕上，身子发痒"。歌舞伎和净琉璃的台词里也把筋疲力尽的样子说成"像木棉一样"。所以木棉过去应该是非常普及的东西。

这种热带的树，插枝很简单，3年左右就可以收获，10年时每棵树可以产600个果实，每个果实可以取出5克纤维。有一种叫作"印度棉木"的树和吉贝很相似，这种树质量比较差，在市场上被称作"印度吉贝"以区别真正的吉贝和"爪哇吉贝"。这些树的果实出产的纤维不结实，不适合用于纺织，却可以用做被子或枕头的填充物、救生工具的填充物或者印泥的原材料。

木棉枕头有弹力、轻且柔软，太阳晒过之后会稍稍鼓起，而且不需要重弹,质量很好,但其缺点是散热性不好。

我曾仔细调查过江户时代箱枕上放置的小枕头是用什么来填充的。高级品都是用普通丝棉、以最外层蚕茧为原料制成的丝绵、棉花等填充的。用木棉填充的枕头也比我想象的多,足见南蛮贸易的繁荣程度。不过平民用的小枕头的填充物大多还是稻壳。最近也有用聚酯棉填充枕头的,不过这种东西保温性和保湿性过好,不适合做枕头。木棉枕的人气最近也在下降,对此我在后面还会介绍。

在现代,有很多人喜欢用豆类、特别是红豆填充的枕头。

江户时代的人们就认为红豆枕可以安眠,是一种高级枕头。不过把重要的食物放在头下枕着多少还是有些顾虑,所以都是悄悄地使用。还有使用和红豆稍微有些相似的稻壳的多年生草本植物薏苡的果实做枕头的,使用这个就不用有所顾虑了。

播州赤穗地区有这样一种民间信仰,"吃了枕头里的红豆的话,3日之内就会病死"。据古书记载,枕头里的红豆在饥荒年代是很有用的。我也听说为了引起注意,在明治时代物产展的品评会上展出的红豆特意被放进枕头里摆出来。过去红豆被认为因为是红色的而具有咒力,所以作为一种珍贵的食品被重视,把它放进枕头里恐怕会被认为是一种浪费。不过红豆的散热能力大概是荞麦壳的两倍,既凉爽枕起来也很舒服。缺点是有些昂贵、偏重、偏硬。

西方人一般用鸟的羽毛填充枕头。

羽毛的散热性很好,柔软度就更不用说了,对肩膀凉的人来说是很好的东西。羽毛枕主要用做床上用品,我想今后把荞麦壳的枕头和羽毛枕头组合起来也是很国际化的。

在西方,羽毛作为寝具而被使用的历史虽在《羽毛与寝具——历史与文化》(1993年、日本经济评论社)中有所记述,但也只是在北欧从九世纪开始普遍使用。据说棉花毛的羽绒 (down) 一词的词源就是"浪费"的意思。虽然我们知道在十四世纪的英国，羽毛制品的实用化有所推进，但要搞清楚西方普遍使用羽毛的历史还是很困难的。

日本也有"把鸳鸯的相思羽毛放进枕箱里吧"这样一句谚语。相思羽毛指的是鸳鸯的尾部两侧的羽毛，效仿雌雄鸳鸯的恩爱，把这片羽毛放进枕箱里可以保佑夫妻和睦。可是日本也有动物禁忌的思想，一般枕头的填充物用的都是植物，用羽毛的文化是源自"羽"与"育"同音，但是这种文化一直没培育起来。

近年来，各种枕头被开发出来。如一种叫作泡沫橡胶的、枕头里面加入了气泡且弹性很好的海绵合成树脂枕头，此外还有天然椰子枕、丝瓜纤维枕等，但这些都是很久以前就有了的。

人们在收获了丝瓜果实后把它放进流水里浸泡，并且用石头或木材把它压住不让它浮上来，一周之后就能取出丝瓜的纤维了。人们一般都尽量在霜降之前收获丝瓜，因为这样才能确保丝瓜的纤维弹力强。过去丝瓜的纤维被用来制作洗涤用品、鞋子或帽子等。但把这种天然的素材粉碎，用大约20根丝瓜的量进行加工定型，就变成了商品化的枕头。丝瓜枕头通气性和吸收性好，枕起来感觉也很好，只是变硬的话需要清洗和晾干。

此外，用澳大利亚产的一种茶树的树皮为填充物做成的枕头，用人工珍珠、水晶、大理石的颗粒为填充物做成的枕头，或者是装入了大小不一的弹球的枕头，以及装入弹簧的枕头，能装水并且需要3~6个月换一次水的枕头等，最近都很流行。

沙枕指的是用沙子填充的枕头，这种枕头从过去开始就在夏天使用。这种枕头里大多装的都是河沙，如果用海沙的话需要充分地水洗以完全去除盐分。

十几年前开始流行了一种塑料制的像通心粉一样的管状的管

枕，这种枕头的专利持有人是狩野一良。这种枕头因管子的空洞可以散发湿气和热气，可清洗、清洁性好，带有尼龙带扣还可以调节到喜欢的高度等优点而受到好评。和这种枕头类似的新产品正在一个接一个地被开发出来。即使是一样的管枕也有采用了聚乙烯树脂的材料，翻身的时候不会出声，有弹力而且柔软的枕头。最近还有一种人工的荞麦壳，就是把聚酯的胶片粉碎加工成荞麦壳形状，这样就可以克服荞麦壳的缺点，做出更好的产品。

再多说几句题外话。江户时代的伊势地区在农历七月初七要到墓地扫墓，这天还要不断地清洗不能洗的器物，座灯、砚台盒、算盘、升还有枕头都要被拿到河边清洗。清洗枕头是个好事情，但是一年只洗一回是不卫生的。要时常晾晒您的枕头啊！

枕头的种种变迁

从丹麦来伊势参观式年迁宫仪式的建筑家们因为听了我关于枕头的研究内容的介绍，将一件十九世纪非洲刚果、现在的扎伊尔国的木制夫妇用的黑色枕头作为礼物送给了我。

两人共用的双人枕在中国、印度和西欧各国都能见到。在日本，圆木的长枕姑且不论，箱枕好像是没有两个人共用的。括枕倒是有双人型号的，在妓院里能够看到"青楼美人合"这种长枕（参照168页插图）。菊寿堂里也收藏了一幅胜川春章画的版画，版画上有新娘在新年里将夫妇用的双人枕头用绘有宝船的画包起来的场景（参照160页插图）。过去的新婚夫妇应该有用双人枕头的现象，不过这种枕头好像并不多见。因为即使两个人关系再好，睡在一个枕头上的话连翻身都能惊动对方而使其睡不好，这样就徒增了许多不必要的烦恼。

枕头的填充物也是多种多样的。不用的棋子、碎石子、大小不

非洲扎伊尔国的夫妻枕（19世纪）

一的大理石等都可以用来填充枕头。如神宫农业馆里展有一个叫作"红松刨花枕"的明治时代摄津有马郡的田中芳男收集的枕头，枕头里填充的应该是红松的刨花。而江户时代的书里记有"药枕"这种用药填充的枕头。

药枕是把蔓荆子、甘菊花、细莘、吴白芷、川穹、白木、通草、防风、阿魏、羚羊角、犀牛角、石上菖蒲还有黑豆五合混在一起装进生丝的袋子里做成的。简直像中医开出的一副大型汤药。这种枕头可以治疗头痛目眩，使用3~5个月之后药效会消失，所以就需要重新换药。枕在这个枕头上，耳朵里可能会有小的响声，据一种不太可靠的说法称那是药物起作用的标志。现在在中国的市场上也能买到"药枕"。这种枕头应用中医的"闻香治病"原理，用大约10种药草和檀香的气味刺激人，使人可以安眠，具有保健的功效。

木炭这种燃料最近也被重新认识了。因其具有吸附力，且有除臭、通气、防虫、防潮的效果，所以最近木炭枕也被商品化了。也有在里面填充碎的备长炭的枕头。

还有一种填充了丝柏木的木屑的丝柏枕。人枕在这种枕头上有一种享受森林浴的感觉，而且由于芬多精的作用使神经可以放松下来。还有一种枕头是用相同的直径为一厘米左右的女竹的竹片做成的。这种枕头是为了效仿日本文学作品《竹取物语》中的主人公辉夜姬,商家宣传枕这种枕头有利于促进睡眠。

此外还有薰衣草的香草枕。用晒干的薄荷原草做成的芳香的薄荷枕。而更为优雅的是中国的蒲公英枕。

蒲公英枕是用收集的蒲公英的花絮和稻皮一起填充进枕头里,再在枕头外面涂上漆的高级枕头。

在菊枕那部分我曾介绍过关于花成精的传说,在中国关于蒲公英的传说也有很多。

传说医药之祖神农氏的女儿瑶姬有一天突然失踪了,与此同时山冈上的黄色蒲公英却瞬间盛开,因此瑶姬被认为是化作了蒲公英的花朵。然后,春秋战国时代有一位国王在蒲公英盛开的原野睡午觉的时候,瑶姬出现在了他的梦里,而且将他带到了世外桃源。不仅如此,连这位国王的儿子也在梦里见到了瑶姬,他因此被赋予了健康和智慧,最后成了一代名君。因为这个故事被诗人们吟咏、传诵,所以效仿故事里将蒲公英的花絮收集起来做枕头这种做法也流行起来。不过,光用蒲公英的花絮做枕头可不是一件容易的事。于是虽被称为蒲公英枕头,里面掺了麦秆的也有很多,只能象征性地在里面掺杂一点蒲公英的花絮。

另外在中国还有用晒干的名为桂花的丹桂或银桂的花为填充物制作枕头的习俗。这种香木因为月桂树的传说而成了月亮的代名词。因为这种桂花给人以夜晚的印象,所以宫殿里为了做枕头种植了很多木桂。没有比用桂花填充的枕头更香的了。

不过,在中国的古书里还记载有一种更厉害的枕头,那就是叫作"重明枕"的纯白的枕头。

这种枕头上有个小孔,枕头里面装有水晶,还装有一种可以让香味循环的装置。这些可能还不足为奇,厉害的是从小孔放进一个麦粒的话,麦粒可以凭借水晶的力量发绿并散发出香味,这个麦粒还可以用来煮饭吃。这种枕头里最多可以装能做出一升饭的麦粒，吃了这种饭身体可以变得灵活，头发可以变黑，脸色变好，而且人不病不死。枕头可以反复投入麦子，反复使用。玄元皇帝和著名的道士都喜欢使用这种枕头。这种枕头的枕套都不是用普通的蚕丝织的，织布用的蚕丝是吃着用灵泉水浇灌的树叶、从未生过病、被小心翼翼喂养的蚕吐出的，织成的布上还绣着龙和凤的图案。人们认为以这种枕头为贡品，自己的愿望就能实现。最近报纸里夹的广告中说，如果使用"惊奇的水晶枕"具有开运的魔力，有人因为使用此枕中了 2 000 万日元呢。

金枕和鹤枕

《今昔物语》里有这样一个故事。平安时代的醍醐天皇和一个叫宽莲的僧人下了一盘围棋，天皇为这盘棋下的赌注是他喜爱的金枕。然而天皇最后遗憾地输掉了棋局，金枕就被宽莲赢去了。看着抱着枕头得意扬扬退出大殿的宽莲的样子，天皇无比后悔，于是他就命令殿上的年轻人竭尽全力将枕头抢了回来。

数日后，天皇又赌上这个贵重的枕头和宽莲较量起来。看来天皇是真喜欢下围棋啊！可是这次天皇又输了，宽莲这回抱着枕头拼命逃跑，殿上的人也在天皇的命令下拼命地追宽莲。宽莲眼看就要被抓住的时候，将枕头扔到了道旁的一个井里。这下引起了大混乱，虽说最后这个枕头还是被打捞了上来，但那却是个表面镀金的木枕头，真的金枕已经被宽莲拿回自己家去了。

这个金枕头真的一开始就是纯金的吗？我觉得这应该是外面涂了金箔又包了金线的木枕头。就算是天皇的枕头，纯金制作的话也显得太硬太重了，而且也显得有点庸俗。也许天皇觉得如果被人知道自己被戏弄了会很没面子、又或者觉得只要是真品，不论是不是纯金的都要夺回，但最终天皇还是说了"算了，我已经彻底被宽莲打败了"。只是也有传闻说宽莲在仁和寺附近建寺庙的钱，就是用金枕换来的。

> 看了鹤的枕头就想起以前旅游的日子，
>
> 一边怀念当初一边安静舒适地吃，
>
> 文明堂的蛋糕，
>
> 虽然很甜却担心春天就要来了。

西条八十

15年前我在收到的蛋糕的包装纸上看到过"枕"字。用伊东深水所画的荷兰船长作为包装纸，而被广为流传的"鹤之枕"又是什么东西呢？

我虽然调查过这个但还是弄不明白。鹤的脖子长，所以那个枕头或许是象征着漫长的旅途。我曾经看见过直接采访西条八十的人写的随笔。那是诗人在昭和八年 (1933) 的时候，在长崎旅行，看到了用鹤的羽毛制作的传说是秦始皇喜欢用的枕头，吃一口蛋糕，联想起了柔软的枕头，在长崎亲切的美人的身影也在眼前浮现，所以写下了这首四行诗。能把用鹤的羽毛做的枕头和蛋糕联系在一起，真不愧是大诗人。点心铺的老板也经常作一些难解的诗，这点实在让人钦佩。

江户时代是豁达的时代，当时十分流行将各自珍藏的宝物拿出来举办展览会。根据"狂文宝合计"这个图录的记载，当时有一个叫坂田金时的人的枕头被展出了。

那么金太郎的枕头是什么样的呢？

其实也不过就是在坐垫上倒着放一个红色高把酒桶而已。虽说这是金时慰问火灾受害者时使用的，但总觉得这个枕头是很符合江户时代诙谐之风的。

中国的陶枕（12~13世纪，杨氏收藏）

坐垫也可以当作枕头

　　如上所述，枕头各种各样，而各人喜欢枕的东西也千奇百怪。如有人喜欢每天晚上枕着一个空的一升大小的瓶子睡觉，还有人用折起来的褥子当枕头，甚至连喜欢用酒壶当枕头的人都有。

　　中国的吴越王喜欢在枕头上系一个大铃铛，曹操在行军打仗的时候喜欢用圆木当枕头。另外中国有一种叫作瓢枕的、用精心栽培的葫芦做成的枕头，人就枕在葫芦中间最细的部分。这种枕头不适合大众，而是适合仙人使用的。

　　在江户时代流行的"千代节"这首歌里有，"在大阪天满宫的正中间用伞做枕头睡觉，哎呀呀……"这样的歌词。虽然还有"必须用南瓜的枕头啊，嘿！嘿！"这样的色情歌，但伞枕或许曾经被在大阪叫"物嫁"、在京都叫"立君"、在江户叫"夜鹰"的街头娼妓，在暗处打开来当枕屏风，收起来当枕头了吧！必要的时候什么东西都可以用来做枕头。

　　在山上谈恋爱的话树根就作枕头了，而落叶是很好的被褥

（伊势的河崎音头的伴奏词）

据青木正儿编著的《酒的菜肴·抱樽酒话》(岩波文库)中的记载,江户时代初期的庆安年间,大酒鬼们聚集在江户进行了一场酒鬼比赛。那个冠军的墓就设在小石川户崎町祥云寺内,墓前有一个刻着他的法号"酒德院醉翁樽枕居士"的石碑。据说也有"南无三宝喝了很多桶酒,身体在空酒桶里回到了故乡"这样的临终和歌。不过也有想用酒桶当枕头的人。

饭盒是不能用来作枕头的。有这样一句俗语,鞋子不管多新都不能放在枕头上。意思是物品是有各自用途的、是有区别的。

枕头的用途只有一个,不过也有个别的例外,比如说腰枕。这里我就不详细说明了,江户有这样一个轶事:

一个妓女向同店的另一个妓女说,姐姐,把你的枕头借我用一下吧,于是就借走了年长的妓女的枕头。第二天早上还回去的时候,由于枕头上沾满了发油,年长的妓女说,"这个傻瓜,她好像拿我的腰枕睡觉了"。

不是枕头的枕

章鱼枕指的是一种动物,是海胆的一种。这种动物生活在日本南部的浅海里,长约10厘米,呈椭圆形,身上有5个花瓣状的花纹。章鱼躺在这个动物上面睡觉正好合适,它便因此得名。按照《本朝食鉴》中的说法,说章鱼在这种海胆身上睡觉,可能只是一种玩笑。

有一种河豚叫作北枕。

这是一种在全日本的海洋沿岸地区都能看到的,全长20厘米左右的普通河豚。但如果不注意吃了它的话,就可能有生命危险,因此得北枕之名。实际上这种鱼并不是特别凶猛,它的精巢和鱼卵都是无毒的,鱼肝稍微有些毒性,鱼皮有剧毒。与草河豚和小纹河豚比起来，北枕并不像它的名字那样可怕，只是有一个不吉利的名字而已。据一个在水族馆工作的朋友说，最近的年轻人连北枕都不认识，甚至会读错它的名字。另外河豚也俗称为北枕或手枪。意思是你只要吃一块它的肉，那你一下就完蛋了。

虽然在汉文书籍上能够看到关于用鱼枕、以及叫作鱼枕冠的内容，但我也不是特别清楚。大概是用鱼的头骨中和篆书的丁字形类似的骨头来做印章。

枕贝是指一种长3.5厘米、宽2厘米的枕头形状的漂亮贝壳，这种贝壳在能登半岛以南的日本海和千叶县以南的太平洋还有印度洋都有出产。

枕蟹指的是秋田县雄胜郡的河里出产的一种小螃蟹。这是当地的叫法。

枕瓜指的是新泻县南鱼沼郡等地在墓前用盆供奉的一根黄瓜。当地人认为佛祖会用这根黄瓜当枕头休息。

猫的枕头是奈良县与和歌山县用来指代水杨的方言。爱媛县上浮穴郡则用这个词来指代夏枯草。而长野县埴科郡却把夏枯草叫成蛇的枕头。在北海道网走地区，蛇的枕头指的却是水芭蕉。过去的人想象力可真是丰富。

地名里带枕字的有鹿儿岛县枕崎市。三重县津市在明治初年(1868年左右)到昭和四十六年(1971)间也有一个叫作枕町的地方。江户时代枕町是武家的住所，因为地理位置位于城市的"头部"而得名。

把田地的一端叫成枕头的也很多。伊势地区把耕种田地的角落叫成"开垦枕头"。

据《综合日本民俗语汇》中的记述，在京都府相乐郡等地垄都是朝向东做成像枕头一样的直角,垄像枕头一样横在那里。神户市的西北部和岐阜县美浓加茂市的农民为了不让自己的牛跑到相邻的别人家的田里去,就把地的两端做成横垄,并把这个称为枕头。硫磺岛的方言里则把暗礁称为枕头。

枕头是头使用的。从这个意义出发,在枕边放着的生活用品很多都加上了"枕"字。比如,枕钟表、枕书桌、枕屏风、枕幔帐、枕拉门、枕蚊帐、枕筆筒、枕香炉、枕大刀、枕刀、枕矛、枕手杖、枕本尊、枕铃、枕笼、枕纸……

把枕作为开头的部分,带有序的意味。净琉璃的"义太夫节"流派及地方歌谣里有"枕"这一日本古典音乐用语,指的是一边向观众说明状况一边烘托曲子气氛的导入部分。

与此类似,落语里也把进入正题前的一小段话叫作"摇枕头"。

琴上有一个叫"枕线"的部分,也有一种叫"枕琴"的短琴。"笙之枕"指的是一种长13厘米、宽5厘米呈枕头形状的东西。它是为了防止由17根竹笛所制的笙的前端被挤压,或者用来放置重要乐器的东西。

歌舞伎和长歌里有一种本名叫"英狮子乱曲"的"枕狮子"。美女演员伴随着妖媚的乐曲拿着手狮子跳舞,这是在正式表演之前的一段表演。

神乐歌里也有一个叫"荐枕"的曲子。

荐枕　不　在高濑的浅滩　谁会栖牲呢　鹬也吃　人也用网抓

这个曲名实际上和枕头没有多大关系,只是"荐枕"是和"高"有关的枕词,所以才得此名。

茶道用语里也有与枕头有关的"枕炭"和"枕香盒"。枕炭不是往火炉里加的炭,而是装入碳斗里用来做枕头的炭。这东西即使在点茶结束以后,也要留在器具里。枕香盒指的是中间细的瓜形的香盒。

陶器的花瓶也有做成枕头形的,这种花瓶被叫作"旅枕"。在备前、伊贺、信乐等地,"旅枕"大多是筒形的,也能作为挂式的花瓶来使用。

由于素烧的底子容易裂开,所以陶瓷工艺师们在做青花瓷的时候也用一种叫"宛枕"的枕头押着陶器,在烧制的时候也要在瓷窑放上称作"羽间"或"卜チ(toqi)"的防止陶器粘在一起的东西,有人说这是从朝鲜的陶枕得来的词汇。

在往箱子里放画轴和碗的时候,为了防止摇晃,人们经常同时往里面放一种内部装了丝棉的枕头形的东西。另外还有一种用来垫额头的枕头,叫作"悬枕"。古代人还有在镜子下面铺一个"镜枕"的习惯。这几种"枕"都是保护重要物品的靠垫。

另外,神社人员穿的叫"浅沓"的木鞋里也需要放"枕"。这个枕指的是在脚趾甲顶着的地方放的包着棉花的布。没有这种"枕",就不能穿着这种鞋走路。

林业用语里面有枕木、枕梁,采石场的采掘用具里也有叫"枕"的,装订的用语里也有一部分通称为"枕"。

古人也使用一种叫作"小枕"的编发髻的工具。这是一种头发少的人在编头发时所使用的、用在假发的根上的工具。川柳短诗中也有,"在小枕系紧的时候闭一下眼"这样的句子。意思是在用黄杨或桐木做的小枕外面包上藏青色的纸和紫色的羽毛,当用细绳使劲儿系紧头发的时候,被系头发的人会自然地闭一下眼睛,是一句写实的句子。

以"枕"命名的读物,清少纳言的《枕草子》或与枕词有关的书且不必说,中间大部分都是枕草纸(枕册子)的情书、俳谐、歌舞伎的剧本、谣曲、长歌等柔和的东西。其中还有以"枕蚊帐"、"枕纸"为题的传记,这想必是风流人的传记吧。

查阅《国书总目录》,其中有"枕头男赏月酒、枕头的响动、枕文库、枕拍子、枕琴梦通路、色情之道假睡枕、长枕褥合战、乐师红粉涂枕、梦枕通人寝言、风流初梦御枕纸、风流邯郸浮世荣华枕、旅枕53次"等多如繁星的描写潇洒生活的读物。其中也有上田秋成的《枕之砚》和本居宣长的和歌集《枕之山》这样正派的书。

还有一本题为《犬枕》的书,此乃模仿《枕草子》所作之意。

还有以枕绘为题名,附带枕头的作品。根据吉永茂所著的《枕的忏悔》中的记载,包括有喜多川歌磨的"歌枕·你是手枕"、菱川师宣的"吉原枕·枕屏风·好色伽罗枕·源氏奢华枕·若众游伽罗枕·歌仙枕……"、西川佑信的"好色役者枕·风流御长枕"、奥村政信的"女酒天童子枕言"、铃木春信的"新撰古今枕头大全"、一勇齐国芳的"枕边深闺梅"等。虽然还有好多,也全是平时见不到的名作,但我就先列举这么多,请见谅!

枕木是铺在铁道下面的木头。起到固定铁轨、分散负荷及缓和冲击的作用。过去多用栗子树、丝柏和橡树的木头做枕木,近年来都改用混凝土了。于是为了区分,木头做的枕木都改称为"木枕木"。

列举"枕"

接下来我列举一些带有"枕"这个字的词语和与枕头有关的谚语。

排枕——将枕头排在一起,一家老小全部像草叶上的露水一样消逝(唱歌·四条畷)。指挨着睡觉、或很多人做同一件事特别是战死或切腹之事。

以城为枕战死沙场——至死与敌人战斗。

先祖战死高枕无忧——忘记先祖的辛劳安逸地睡觉的愚蠢人。乐不思蜀。

高枕无忧枕如泰山——安心睡觉或者安心的意思。

没有食物却贫乐高枕——人穷志不短。

枕戈——枕着戈这种武器睡觉，即专心于战事而不能安心睡觉。

枕干——枕着盾睡觉。把兵器准备在枕边，时刻不忘为父母报仇。也被称作"不睡草席以盾为枕"。

枕块——枕着土或者草睡觉。中国古代有为父母服丧期间用土或者草做枕头的习俗。

枕琴——把琴作枕头睡觉。比喻人很风流。

枕书——把书作枕头睡觉。我就经常枕着《广辞苑》睡觉。

枕经——中国指读书一直到晚上。日本指僧人在死者枕边念经。

枕本——把日本白纸对折那样大小的可以躺在床上看的横订的书。也有春宫画的意思。

枕中书——藏起来不让别人看的书。

枕中鸿宝——汉代淮南王在枕头中藏的道术奇书。

枕绘——不说就知道是春宫画的意思。也叫枕草纸或姿枕。"枕"字已经变成了喜欢春宫画的人，在指春宫画时使用的暗号。

枕籍——把书累积起来作枕头。如果是《物与人的文化史》这本书的话，大概需要4本。还可以指互相枕着身体睡觉。

枕骨——耳朵后面突出的那块骨头。

枕骸——重叠在一起的尸体。

腕枕——写小字的时候，为了不把写完的部分弄脏，在纸上面摆的支撑肘部的用具。用竹、木、玉、象牙等制成。放笔的被叫作

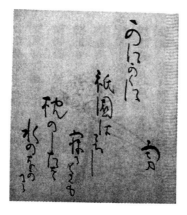

吉井勇的和歌
かにかくに祇園はこひし寝るときも枕のし
たを水のながるる

笔架。

枕腕——书道用语。把左手放在右手手腕下面写字的意思。常用在写小字的时候。

枕文字——短歌第一句的5个字。

枕水——顺水而下。

枕石——把石头当枕头。比喻为了躲避世俗,隐遁起来自由生活。

枕流漱石·用石漱口以水为枕——硬不认输的意思。晋朝孙楚年少时想过隐居生活,便去对王济说"当枕石漱流",却不慎错说成"漱石枕流"了,王济听后便问:"流水能当枕头,石头能用来漱口吗?"孙楚巧辩道:"枕流是为了要洗清耳朵,漱石是为了要磨砺牙齿。"从此成语"枕流漱石"就作为"枕石漱流"的变体流传下来了。大文豪夏目漱石的笔名不用说,也是来自于这个典故。

枕头——枕边的意思。

枕故事——枕边讲的话,枕边蜜语(多指夫妻之间)。

枕罐——像咸牛肉罐头那种容易取出里面东西的梯形的罐头容器。

枕盅——婚礼当天晚上，睡觉之前夫妇用来喝交杯酒的杯子。

枕耳——杂色纺织品使用的两端的组织中的一个。

枕头瓜——北京人（不是北京原人）喜欢吃的西瓜的一种。

枕箪——寝具的一种，箪是用竹子编的席子。

枕子——刚生下来不久的婴儿，也指幼儿。

枕言——口头语，常谈的话题，日常的话题。

翻枕——纸牌用语，开始分伙的意思。

枕波——枕头被枕过之后的痕迹。

枕席——枕头和褥子。也指寝具、睡铺和睡觉。在枕席服侍指的是照顾别人生活起居。也被称为枕侍寝。

在枕席上过师——军队轻而易举地进军。

添加枕头——同床共枕。

开始枕头——男女第一次一起睡觉。

重叠枕头——男女一起睡觉。也指性交。

拉枕头——娶亲。

空枕——暂时的枕头。也指短暂的交情。

合枕——相对而睡。两个人虽然睡在一张床上，心思却不在一起。

枕添殿——配偶。老夫妻的情况下要用古枕这个词。

枕之梦——睡着的时候做的春梦。也指性交。

枕头的情况——枕头的样子、情形。

降枕——头放低些睡觉的样子。

长枕大被——长枕头、大被子。指夫妻之间的爱情。

长枕大衾——长枕头、大棉被。从唐玄宗的故事引申出来的，比喻兄弟之间相互关爱。

定枕——确定了睡觉的地方而安心睡觉。也指确定睡觉时头的朝向。在妓院定枕则表示嫖客选定和自己睡觉的妓女。

卖枕——卖春。

枕艺者——比起技艺还是睡觉更在行的艺伎，也指趁旅客睡着偷窃财物的艺伎。

枕付——只要给钱跟谁都睡觉的艺伎。

枕草纸的老爷——形容好色的美男子。

枕班——独自一人躺着等待同床共枕的那个人到来。

手不离枕——没有人陪伴，抱着枕头睡觉。在妓院里指妓女不来陪睡。

一双玉臂千人之枕——一双美丽的手上枕过上千个男人，多用来形容妓女的境遇。

舍枕——在妓院里客人与见面的妓女不睡觉就回去了。也称初次见面的舍枕。

枕金——手头上准备的钱。放在枕头下等地方的钱。为妓女赎身的钱。艺伎卖身的契约金。

枕尘——比喻女性长期独守空房。

掸枕尘——这句话有两个意思。一是形容丈夫不来独自一人睡觉的寂寞。二是女人彻夜陪伴在男人的枕边。

浸湿枕头——睡觉的时候流出悲伤的泪水。"石枕也能腐烂"是指经常哭泣到天明。

枕下有海——在睡觉的时候悄悄地哭泣。也称浮枕。

枕动——因为忧虑而睡不着觉，不停地翻身，却将毛病怪在枕头上。

和枕头商议——躺着慢慢考虑。

《源氏物语画卷》(躺在病床上的柏木受到夕雾的看望,
为了抬起上半身将枕头立了起来)

抬枕——起床。"不抬枕"指的是得了不治之症。

小夜枕——古语,指晚上睡觉使用的枕头。

没有枕隙——日夜性交的意思。《好色一代女》里有主人公一天到晚什么都不干,只顾性交的描述。

连理之枕——男女情深意长地同床共枕。

鸳鸯枕、比目枕——鸳鸯的夫妻关系和睦,比目鱼也是两条在一起悠闲地游,男女像这种鸟和鱼一样感情和睦地同床共枕。

麻雀枕——带皮的花生。单口相声中有麻雀因为吃了酒糟醉倒,而头枕花生的故事。是稻科的两年生草,看麦娘的别称。

把算盘当枕头——商人专注于自己的买卖。

碎枕、切枕——煞费苦心、费尽脑筋的意思。

膝枕、托腮——枕在美女的膝盖上和独自一人托着腮是有巨大的差别的。也比喻安逸的生活。

枕头之罪——枕头之罪虽是发生在中国的故事(参照 101 页),但江户时代初期的短歌,隆达节的和歌中里也有,"是嫉妒心吗?枕头啊,扔啊,扔啊,难道是枕头有罪过吗?"

这是万治年间 (1658~1661) 在花街柳巷十分流行的短歌之一。

表达的是男人如果不来，妓女就会扔枕头，认为是枕头的过错。并且在"都都逸"这类俗曲或短歌中有，"发髻散乱都是枕头的罪过，这样被你猜疑，我的本分就是妓女，不能放弃啊！"——这里虽然将所有的错归罪到了枕头上，但这并不是枕头的错。

海鸥高飞雇佣高枕——在北海道，"ごめん"指的是海鸥。海鸥一飞上高空就预示着暴风雨的到来，这样被雇佣的渔夫们就可以不用出海打鱼而轻松度日了。

波枕、楫枕、浮枕——在船中过夜。

苔枕——在山里居住的人或者隐士的孤独的睡铺。

枕之山——离枕边很近的山。

苇枕——在丛生的芦苇旁边露营。

荒枕——在荒芜的客栈寄宿。

后枕、足枕——古语，指睡觉时候脚和头的方位。"连后枕都不知"指的是由于不清楚事情的来龙去脉，不知道怎么办才好。足枕指的是把别人的脚当枕头。

，踢开枕头——把睡着的仇人的头割下来的做法。这是报仇的规矩。

按压枕头——武士道用语，指的是不让敌人抬起头的方法。

听到枕头的响声和老婆说的事情——恍然大悟之感。

扇枕暖衾——对父母尽孝。中国东汉时期的黄香幼年丧母，但他对父亲十分孝顺，夏天天热的时候会用扇子扇父亲的帷帐好让枕头清凉一点。《东观汉记》将这个故事记载了下来，好让现代的小孩子学习黄香的孝行。中国台湾省发行有带这个故事图案的邮票。

枕物狂——闻着枕头上的余香痛苦地思念离去的那个人。也形容躺在床上因为种种思绪的困扰而发狂。

中华民国时期带有枕头图案的邮票

　　狂言里也有一首以这个词命名的曲子。有一位一百多岁的老人得了相思病，他的两个孙子十分担心，为了尽孝很想帮助爷爷实现愿望，于是两位孙子就去看望老人。老人将拴枕头的细竹披在肩上，"因为太想念那个人了，而神志失常，睡也睡不着，起也起不来"，看上去十分空虚烦闷。于是两个孙子就问，"爷爷是恋爱了吗?"一开始，老人想着恋爱是年轻人的事，还羞于启齿。后来终于说出了志贺寺的上人爱上了在京极伺候天皇的宫女，纪僧正恋爱的故事。恋爱是悲凉和可怕的，最后说出了自己悲痛的恋情，实际上在上个月的地藏讲坛上自从看了刑部三郎的女儿一眼之后，就一直念念不忘。爷爷羞愧地说，如果这个恋情不能实现就投井或者跳河自杀……

　　感到悲伤的孙子们把恋人的口信带给了爷爷，爷爷非常高兴，这样一个喜剧结局。

　　这个曲子需要将老年人高尚的恋情完美地演绎出来，十分困难。所以就逐渐变成了一首秘曲。

　　枕挂——垫在枕头和肩部之间空隙的小枕巾。另外也指，大家按人数均摊每月需要出的钱。只是这个和由若干人组成、按月存款、轮流借用的互助会比起来，钱似乎都被用在有些色情的方面了。也被称作"生命的洗礼"，好像这些钱都用来按顺序结伙儿逛妓院了。

用枕、敷枕、矶之浪枕、腰枕——在腰上使用的枕头的四十八手之一。

探枕——这个词是本章最后一个了，是趁别人睡着悄悄偷走财物的意思。

在杂俳、玉柳里有"趁妓女睡着时，偷盗财物的厚颜无耻的家伙"这样的句子。事先说明，我虽然调查了很多枕头的资料，但是可没做过"偷盗"这种事。如果被说成"神官是趁人睡着时，偷盗财物的厚颜无耻的人"的话，那可就麻烦了。这本书是我调查了20年枕头才写出的力作，如果收到了嘲弄式的书评，我可能会卧床不起，精神疯癫，甚至会在梦里遇见枕神。

枕神出来也没有意义，因为他正在打呼噜睡得很香

（杂俳·折句式大成）

第四章

冬天　在被炉里以膝为枕

枕头下的宝船

从前，人们一直认为自己睡着之后最安全的地方就是枕头下边，所以把各种各样的东西藏在枕头里。日本人有每年正月初二的夜里，往枕头里放东西然后再睡觉的风俗。

江户时代的人们相信，在一月一日或二日的晚上，将一种宝船画放在枕头下面就会做好梦。这种宝船的帆上画有一种在一个圆圈里写上"宝"或者"貘"字的图案，宝船上装载着宝物和七福神，而且船身上还记有"なかきよのとおのねふりのみなめさめ、なみのりふねのおとのよきかな（長き夜の遠の眠りの皆目ざめ波乗り船の音のよきかな）"这种回文的和歌。

回文是指一种从前往后读和从后往前读句子都是一样的语言游戏。例如"竹屋（たけや）が焼（や）けた"、"わたし負（ま）けましたわ"等。

"長き夜の遠の眠りの皆目ざめ波乗り船の音のよきかな"这首回文和歌，有人说是圣德太子为

了消除在秦之川胜做的噩梦而写的和歌；有人说这是一个琴谱；还有人说这首和歌的意思是十夜轮回的长夜睡眠，因日语中的"遠"和"十"的发音相同，所以不是"遠"的睡眠而是"十"的睡眠，是迷梦觉醒的意思……等等，众说纷纭。

现在还无法确定在枕头底下放宝船的习俗是什么时候开始形成的，不过可以断定室町时代的人们就已经有这种习惯了。

《守贞漫稿》中对画宝船画的纸张的种类作了这样的记载，"过去都是在立春的晚上进行这种活动，向足利将军家进献的宝船画所用的是一种叫作'大引'的纸，其他人家用的是'小引'，再差一点的是叫'引合'的檀纸，女人们使用的是'杉原'"。但是，最关键的宝船画的图案样式，这本书却没有记载。

关于之前说的那首"長き夜……"的回文和歌，在相当于日本室町时代时期的中国，有一本叫《日本风土记》的书上有所记载，"乃革气摇那多和那捏不里那密乃密索密……此谱倒顺读之字"。贞享五年 (1688) 的《日本岁时记》上也记有，"这天夜里 (立春) 把画有貘的图案的纸放在枕头下面的话可以避免做噩梦，现在这已经成为一种社会风俗"。另外，从江户时代初期的俳句集里也能够看出，当时的人也有立春晚上在枕头底下放宝船画的习俗。

我认为这种习俗起源于中国。中国唐朝时期，宫廷里每逢年末会举行一种被除灾祸的仪式，就是在一艘新造的船上供奉穷鬼这个灾神，然后把这艘船放进大海里冲走。室町时代，这种习俗传入日本，后来逐渐就演变成了现在的这种活动。

据《古事类苑 岁时部》记载，室町幕府的大臣蜷川新右卫门在立春的晚上曾经临摹过当时著名画家相阿弥的原画。还有后阳成天皇曾命令朝臣花园实久绘制了一幅宝船的画，然后天皇在宝船的帆上写上了"貘"这个字，并将这幅画版刻之后赐给了宫里的值

据传是现存最古老的扬着带有貘字的帆的宝船木版画（传后阳成天皇敕版）

初期的宝船图

《初梦宝船结》（胜川春章画）

热闹的宝船（明治~现代）

长野县的在枕头下放置的初梦宝船

宿人员。据《文晁画谈》记载，这幅画的木版在万治年间被大火烧毁，现在皇宫的内侍所里还收藏有一幅京极殿的原图的复制品，每到立春晚上，还会举行将它赐给值宿人员的仪式。我曾经在名古屋的宝船画收藏家故汤浅四郎的收藏展上看到过用这个版木刻的宝船画，画名为"传·后阳成天皇敕版"。画上的内容是，一艘全部用黑色画的船上堆积的宝物像米袋子一样，大船正扬帆破浪而行，帆上的貘字已经写出飞白。

最古老的宝船画要数京都市下京区的五条天神社收藏的名为"嘉贺美能加和宝船"的朴素图画，这幅画的船上只装有稻捆。还有一幅叫作"从田里开出的船"的宝船画，该画中船上只装了米袋子。这是因为当时稻米被当作宝物，人们相信放入稻米之后梦也会变得奢侈，随后又出现了载有七福神的宝船画。

元禄时代的典籍上记有一幅船上装有很多东西的宝船画。船上的东西包括一枚宝珠、很多米袋子、大小三个锁头、一只大蜈蚣、三个沙金袋、两条加级鱼、打鼓用的小槌、蓑衣、小松树、臼子、珊瑚、两只虾、鹤、龟等，另外船头还坐着两个人，船身上还写有"貘"字。

古式的宝船是小型的，船上的宝物也不多。到了江户时代中期，天海和尚设计的七福神形象出现后，宝船才变得华丽起来，船头连乘坐的空地都没有了。

在皇宫里，天皇的近臣会恭恭敬敬地接受后阳成天皇御赐的宝船画，然后在立春的晚上祈祷做好梦的同时，将它放在枕头下面或者用它把枕头卷起来睡觉。第二天早上，做了好梦的人会因为祈愿成功而大喜过望，做了噩梦的人就把这幅画扔到河里冲走，同时还要大喊三声"貘啊，吃了噩梦吧"以重振精神。

《好色一代男》里有"二号立春、消灾的声音、梦错了、貘的札记、卖宝船"，到处传来"宝船、宝船"这种劲头十足的吆喝声。

过去日本人把立春的晚上当作新年开始的除夕夜，直到江户中期立春才和正月分离开。而且长30厘米、宽20厘米的木版的宝船画一般是在元旦或者元月二日使用，因为除夕当晚为了迎接神灵人们一般是不睡觉的，工作都是从二日开始，因此也只有在二日的晚上才能迎来新年的第一场梦。(注：日本的正月指的是阳历一月)

既然写了所有有关一年开端的事情，那我就简单提一下"姬始"一词。这个词有"飞马始"、"火水始"、"密事始"等写法，好像是从室町时代某个人的日记里传出来的。对于这个词的意思，自古以来众说纷纭。如武家的开始骑马的日子，温柔的小姐开始吃饭的日子，开始使用水火的日子，还有诸位读者可能相信的江户时期的古礼仪大学问家、伊势贞丈明确指出密事始一词就是指男女的初次房事之意。

江户时代的人们信仰宝船会从海的彼岸满载幸运来到枕头下面。"一富士二鹰三茄子"被认为是梦里出现的最吉利的东西。这是因为梦也是人的意识，人们希望梦见吉利的东西，所以作为做好梦的手段把那种愿望寄托在了枕头下面。另外，还有很多人同时做了同样的梦。我想也有为了搞好关系而互相交流彼此梦的内容的。古时，也有潜心在神社或者寺庙里闭关修炼，以求做的梦能够灵验的人。

人们为了在正月里讨吉利，有各种各样被除灾祸的手段。向神佛祈愿这种做法从古至今都未曾改变。新年第一场梦可以作为算命的内容。因为是算命，所以必须凭最初的内容做判断，不能为了算出吉利的结果就来回反复地算。过去的人们会在立春的晚上消灾。中世末期近世初期，人们会参拜家里的神龛或者是家附近的氏神，并吃煮年糕，还要念叨"请一定要让我做吉利的梦"，然后在枕头下面悄悄放上宝船画以占卜吉凶。我想宝船画可能与"梦见船是吉利的"这种民间迷信有一定的关联。

在实际的绘画中很少有以宝船为素材的，胜川春章画有一幅名叫"初梦宝船结"的浮世绘。图上画的是在进献用的加级鱼的鱼干前面，一位大商人的新婚妻子正在用宝船的版画将一个珍贵的、夫妇用大长枕头卷起来。

打开在梦里梦见的枕头下面的小盒子，结果发现里面什么都没有

这是从播州加东郡传到兵库县的一首民谣（《旅和传说》昭和十一年十二月号）。仙台地区也有这样一首乡间歌谣。

十七打开枕头下面的小盒子一看，什么都没有

民间迷信将这一节连唱三遍，然后再将枕头翻转过来睡觉的话就能做好梦。另外长野县北部在战前曾经有元旦的晚上将折成船形的纸放在枕头下睡觉的习俗。

还有一种相信将宝船画卖掉，好运就会降临的迷信。在正月初二的午后，连大商店的年轻老板也会不好意思地一边用手巾遮住脸，一边用独特的腔调喊着"宝船、宝船"沿街叫卖。那是一个多么悠闲的时代。

这种宝船画的风俗在京都和大阪到江户时代末期就衰退了，东京一直到明治时代中期还在流行，而大正时代京都突然又流行起了宝船画。直到现在，一到元月，全国各地都有发放宝船画的寺庙和神社。

《文艺春秋》介绍说，NHK的著名播音员松平定知的家里在除夕有一种代代相传的叫作"枕元"的仪式。那是一种父母在枕边放上礼物，新年一到，就一边唱着"柳树下的言语，就是那样喜庆，嗨哟一声担枕头"一边将枕头拿开，枕头下会出现惊喜，这样有趣的仪式。孩子们经常会迫不及待地自己偷偷去枕头下寻找礼物。

我有个朋友在买彩票的前一天晚上会将宝船画放在枕头底下睡觉。他也知道彩票和宝船一样，说到底都是虚幻的梦，但是他说能梦见就够了。顺便说一个我听说过的趣事。有个人在海外旅行途中，因为宾馆的枕头太软睡不着觉。于是他就把买来作礼品用的高级白兰地的酒箱放在了枕头下边大睡了一夜，第二天早上竟忘了把酒拿出来就走了。恐怕这些酒被女佣当作昂贵的小费收下

了吧！据说西方有在枕头下放小费的习俗，但我也听说只有日本人才那样做。怎么样？也许从"枕金"这个词会催生出日本人独特的风俗习惯呢！

西方的枕头

枕头的希腊语是Προσηεψαλαιον，意思是支撑头部的东西。

枕头的拉丁语是Pulvinus，或者是Pulvinar。

英语里，把普通枕头叫作Pillow，在褥单下面放的长枕头是Bolster或Head-Stool。

枕头的法语是Vreiller。

枕头的德语是Kissen。

以上每一种语言都指的是比枕头更宽泛的靠垫的意思。不仅可以用来枕，还能用来垫肩部和肘部，或许翻译成平枕更恰当。

柏拉图的《飨宴》里有大家躺在床上倚着靠垫，谈笑风生地进行赞美爱情的演说，最后苏格拉底说爱情是与幸福相联系的从肉体上升到精神的美，进一步可以提高到理想的幸福高度。

阿里斯托芬奈斯的希腊喜剧（公元前425年）里，有这样一句在宴会场所招呼参加人的台词，"有长沙发和餐桌、枕头、还有褥子……好吃的有一大堆，还有成群的美女啊！"好像在古罗马的酒宴上有很多靠垫可以供人们用来枕或者垫脚。

被誉为医学之父的希腊人希波克拉提斯有一句至理名言，"人生很短，然而艺术很长"。他在名为《关于骨折》的论文里写道，"为了垫起患部，最好是使用高度适中的枕头"。莎士比亚的作品《奥赛罗》的主人公，因误会杀死了自己的爱妻黛丝蒂莫娜，他就是把柔软的枕头作为杀人工具闷死妻子的。

说起枕头，应该是种一按就会凹陷进去的柔软的东西。西方

西方的靠垫枕头（莫奈"奥林匹亚"，1863年）　希腊的枕头（公元前6世纪左右的陶棺）

的枕头从古至今，形状基本都是大型的靠垫式的平枕头，里面填充的东西以羽毛为主，也有填充棉花的。

莎士比亚的《亨利六世第二部》里有"这次对着枕头说话，就像对着国王陛下一样，把重重压在心里的秘密悄悄地说出来"这样的情节。在《皆大欢喜》里，有"年轻的时候，曾经迷恋一个人以致半夜抱着枕头唉声叹气"这样的内容。之前我也记述过日本《万叶集》里有对着枕头说话的和歌。西方也把枕头人格化，让它象征恋爱的苦恼，把它当作告白的对象。即使现在也有"take counsel of one's pillow"这样的语句。意思是一方面和枕头商量商量，再者可以睡一晚好觉后慢慢考虑，这里把枕头比喻成了亲近的人。

英国小说家沃尔特·斯科特每次碰上难题的时候，总会说一句"consult with one's pillow"这样的口头禅。枕头虽然是物品，但是它也是清醒和睡着之间的亲密或者浓密的"时间性"的象征。

法国画家亨利·马蒂斯和德兰的老师恩盖内·加里埃雷(1849~1906)画过一幅名为"床上的枕头"的珍贵油画。据我所知，这是唯一一幅单纯以枕头为表现内容的画。这是一幅只用了茶褐色的单色画，只画了一个靠垫枕头，表现的是上面空无一人的床上消逝的时间和梦与现实的交错。大正时代和昭和时代初期，这个画家在日本也有很多粉丝。他的一部以母性为主题的代表作现在还收藏在法国卢浮美术馆里，作品名为"生病的孩子"。

目前在日本，无论是日本画还是西洋画好像都没有仅仅画枕头的。这样说的话可能会有人问，日本不是有春宫画吗？在日本一说起枕头就容易联想到色情，会被鄙视。

在日本被褥和枕头不使用的时候一般是会收起来的，所以像西方的床那种家具就不能完全普及。可以断言的是，对西方人来说，枕头是生活必需品。

焚烧春药的伽罗枕

作为江户时代箱枕和陶枕的一种，有一种里面放有小香炉的香枕。

这种枕头也被称为味枕，枕头的表面或者是上面和侧面透珑镂刻了可以出烟的小孔，枕头上还带有里面收纳了阿古陀形香炉的抽屉，这是一种可以一边睡觉一边闻香味的风雅的枕头。

平安时代的贵族社会十分流行焚香熏头发或衣服这种做法，武士在当权的时代也效仿贵族们焚香熏衣服和甲胄。实际上过去即使是贵族也基本不洗澡，所以很不卫生，身上经常生虱子和跳蚤。我猜想烧香熏衣服就是为了驱除这些虱子和跳蚤。

近年来，室内芳香剂越来越多地被人们用于厕所和各个房间，这是因为现在密闭的房间越来越多。而过去日本家庭的房子是用木、土和纸建造的，每个房间之间是用拉门开闭的，通风性很好，所以即使有臭味也可以马上散逸。另外，以大米为主食的日本人与狩猎民族的西方人比起来，体臭味也小，基本上没有用香料消除体臭的必要，所以一般对于香料的关注也很少。不过，热衷于微香的香料文化却是古已有之。平安朝贵族们就在室内使用香炉，以香味的优劣来比较香具的高下之风也逐渐盛行。此外，值得注意的是香枕并不是香炉的替代品。

追溯香枕的起源，如果假定古坟时代的石枕上出现的立花是在死者枕边插花用的，那么就可以认为香枕是在用花的颜色和香味慰藉死者的亡灵。

用香木做成的木枕头、用菖蒲和菊花做成的枕头或者是装了茶叶的枕头也可以看作是一种广义上的香枕吧。

用香木做的"沉香枕"是用沉香木的木材做的。这种枕头里的优质品被叫作伽罗。不过因为沉香造价较高，所以一般的香枕都是用廉价的白檀木和旃檀木制作的。《类聚杂要抄》里记有一种装在匣子里的包有织锦外罩的香枕。东京博物馆里也收藏着一件放在带有菊花图案枕箱里的包有织锦的豪华的"沉香枕"。

这种枕头具有微微的芳香，可以起到安眠的作用。但实际上香枕不只有这一种。江户时代的多数香枕都是为了刺激性欲而使用春药的枕头。

玫瑰的香味可以向昆虫传递花蜜存在的信息，这样就可以让昆虫为自己授粉。昆虫也可以释放一种称作"外激素"的香味以吸引异性。高等动物也有为了种族保存而释放香气作为发情信号的行为。

男性荷尔蒙的主要成分和麝香鹿的生殖腺释放的麝香的主要成分极为近似。人类在远古时期，也和其他动物一样会释放发情信号。伴随着视觉的发达而可以利用视觉感知异性，人类的嗅觉就逐渐退化了。很久以前，人们就知道某种香气可以刺激人的性

向长枕头上薰香的妓女（出自《青楼美人合》）

沉香枕（东京国立博物馆收藏）

文字透珑镂刻泥金画香枕和焚香道具（东京国立博物馆收藏）

大名婚礼用的泥金画香枕

香枕（出自《花街漫录》）

有田烧的香枕（左：明治～大正，右：大正～昭和初期）

欲。而在日本把枕头作为应用那种气味增强快感的小道具而加以利用的还是江户文化。江户的烂熟文化把艺术性都带到性活动里面去了。

香枕里使用的是沉香和麝香。

同前所述,沉香又称伽罗,是从瑞香科的常绿树木材所含的树脂中提取出来的。这种树分布在印度和东南亚地区,人们将还在生长的树砍倒让它自然腐烂,数年之后把含有树脂多的部分从土里挖出来,然后就可以采集凝固在树的砍断处和空洞处的树脂了。自古以来,这种伽罗都是香木中的至宝。伽罗后来演变为金银的暗语,是最高级的东西。

正像元禄时代 (1688~1704) 的歌谣集《松叶》里"无论如何有沉香的香味、像生命一样很重要的你,留下几个晚上也不会厌烦"这一句那样,虽然伽罗气味很香,但是却有中毒的危险。

与伽罗相比,从麝这种分布在尼泊尔、中国、朝鲜、西伯利亚等地的鹿的下腹部提取的香料,可以用来制作强心剂和镇静剂。麝还具有一种难以形容的芳香。而且这种香料可以挑起性欲,也没有毒性。

麝香是紫褐色的粉末,前一天晚上把这种香料放在香枕抽屉里的香炉中焚烧的话,从枕头的缝隙传出的淡淡的香味会一直持续到第二天早上。

这种香料也被陪大名睡觉的人使用。据《性与日本人》(樋口清之、讲谈社) 中的介绍,很多身份地位低的女人想要出人头地,就用这种香料诱惑大名和自己睡觉。这种智慧是从年老的妇女或者是妓院里有经验的妓女那里学来的。

伽罗枕是非常非常奢侈的东西,不是普通人能够使用的。最初是公卿显贵们一边睡觉一边熏头发用的,后来被妓院使用,特别是在江户吉原的妓女中间非常流行，所以也被称作吉原枕。

在随笔《花街漫录》里，吉原江户町二丁目的名主、风流人士西村藐庵介绍了吉原枕这种枕头，配图是铃木其一画的（168页下图）。

这种枕头上绘有金银的泥金画，头枕的地方和枕头的侧面用透珑镂刻手法做成了源氏香形，香气可以从那里飘出来。抽屉里放有香炉，有两个分别画着梅花图案和藤萝图案的枕头，尺寸分别是高四寸、长六寸八分、宽三寸六分和高四寸四分、长七寸六分、宽四寸一分。稍微大一点的，画有藤萝图案的枕头应该是供男性使用的。

香枕的出气孔多数都被设计成源氏香形，也有水上漂着菊花形的、扇面形的、车轮形的、格子形的和文字形的。还有画有天正纸牌游戏图案泥金画的现代的东西。

这种豪华、漂亮的绘有泥金画的香枕过去是大名的婚礼道具，所以现存的相对较多，在很多博物馆都可以看到。不过如果连续数日使用这种香枕来刺激性欲的话，大名也是受不了的。所以，历史上很多大名年纪轻轻就死了，可能使用这种枕头也是其死亡原因之一。

使用这种烧催情剂的香枕的话，什么样的男人都会兴奋。不过，据古书上记载，因为人与人的个体差异，燃烧香料不适度会造成男人因过度兴奋而死。不能让香味太浓重，要适当地熏，这可是非常考验技术的。还有虽然不是什么好事情，但是香枕也被用来杀灭虱子。

世界上有300种虱子，日本也有40种之多。我研究鲨鱼的时候就知道有一种专门寄生在鲨鱼身上的鲨鱼虱子，那么寄生在人身上的就应该是人虱子。人虱子还可以分出头虱子、衣服虱子、毛发虱子等。

为了杀灭虱子,过去只有加热消毒和用水银这两种方法。衣服上的虱子可以通过洗澡和用开水烫衣服的方法去除,可除掉在毛发中悄悄产卵生出的头虱子就不是一件容易的事了。

现如今,人们可以使用DDT等杀虫剂将虫子彻底消灭。但是人类有很长一段受困于虱子的历史。甚至太平洋战争之后,人们还没有完全消灭虱子。乍一看很优雅的香枕也是具有除虫功能的。

现在市场上有很多类似"福德陶枕"、"安眠枕"这样名字很相近的枕头,这里边装有能够释放使人精神集中的安眠香料,里面并没有装催情剂。

现代的香枕还有里面装有北海道北见地区产的天然薄荷的"薄荷枕"。里面装有用丝柏的心材做成的小手指指尖大小的薄片。这种枕头可以释放一种像在森林里感受到的柏树芳香。除此之外,还有装了薰衣草、玫瑰、香橙的干燥花瓣的"香草枕"。此外,最近枕头套被做成通心粉状,里面装有芳香物质等可以镇静神经的新产品也相继问世。

枕绘的世界

浮世绘中除美女画、演员画、名胜古迹图、风俗画等之外,还包括秘戏图。这种秘戏图不是装饰在客厅里供人欣赏的,而是放在卧室里偷偷看的。特别是在两个人同床共枕的时候一起看更适合,所以也被叫作枕绘。

可能有人认为枕绘和春宫画就是现在的色情画,但并不是那样。在日本文化中,性具有超出现代人想象的美感和理智。而且以喜多川歌磨为代表的江户时代的众多浮世绘画师都画过这种枕绘。其实不仅是浮世绘画师，就连土佐派和狩野派的正统日本画的画师们也会创作这类作品。他们画这种枕绘显然不是为了钱，而是因为画这种画可以展示自己的本事。不画的话就不能称为日本画家，所以他们就热情高涨地进行创作，就连池大雅、圆山应举那样的绘画大师也画过这种枕绘。

不过，虽然最近几年枕绘正在被逐渐解禁，但我们能看到的也都是把人物下半身去掉之后的复制品或是在隐私部位盖上纸遮挡起来的作品。

枕绘中有许多优质作品，各画家表现的侧重点也不一，如喜多川歌磨笔下女人的表情难以言表、葛饰北斋的感染力、春信天真无邪等。可是很多杰作的原版都流落到了国外，日本国内尚存的枕绘，也都被喜好风流的人秘密收藏在手里，普通人基本上是见不到的。

日本春宫画的特色是男女的性器官被刻意地夸张放大。中国画中的性器官较小，西方画中的也相对较小。

日本的画并不是真实的写生画，而是运用了与实际尺寸不符的夸张的变形绘画手法画出的画。所以西方人都深信日本人的私处很大，感叹"那真是日本人吗？"

浮世绘画师们不是从解剖学的角度准确表现男女形象的，而是费尽心思地把男女缠绵在一起的形象有效地表现出来。而且这种非现实的表现虽然会降低性欲，但其目的并不是刺激猥亵感，而是表现强烈的真实感。

日本枕绘起源于与医书一同从中国传来的偃息图，这是一种性交体位的解说图。武士们把这种图称为"胜绘"并放到兵器柜里，他们认为图上巨大的性器官具有辟邪的咒力，并以此祈祷得到幸福。新娘出嫁时也将它作为辟邪的工具放到嫁妆里。

江户时代的括枕(宫川长春画，出自"蚊帐美人")

伊势古市妓院里备前屋的箱枕(在这个上面放上小枕头，神宫征古馆收藏)

平民都把这种枕绘作为卧室的护符放在箱枕里，贵族则把它放在豪华的泥金画的箱子里摆到装饰架上小心保管。

有一位严肃的学者在书房里偷偷藏了一幅春宫图，在他拿出来微笑着观看的时候，不慎被妻子发现了。他连忙解释道："这是偃息图，就是躺下休息的意思，是中国养生长寿的方法之一，还能防虫，也具有保护重要书籍不被火魔侵扰的效用。"妻子则对此嗤之以鼻，说道"你应该把它当作范本啊。现实和理想是有很大差距的啊！"

看了枕画后，新娘也一起思索　　安彦

《江户语词辞典》(讲谈社，学术文库)里有这样的解释，"枕就是不读的词"。

人们都只对枕绘上的画感兴趣，谁也不会正儿八经地去读画上乱七八糟的单句。我在这里也尽量少写一些，下面列举一些与枕头有关的川柳和和歌。

1. 今早睡醒之后头很疼　再也不用了　那种箱枕　(全国都有的民谣)

2. 请让我睡在你旁边　也让我给你枕着胳膊　用手指享受琴弦
（都都逸）

3. 今晚枕一宿丝绸枕头　明天出海就枕波浪了（渔夫之歌）

4. 一张凉席　两个枕头　等待的枕头　　（岛原地区渔夫们唱的歌）

5. 打盹儿时　膝盖就是枕头　跟我说不要着凉　很温柔地把袖子盖
上肩头　哎呀　我已经睡着了啊

6. 头发乱了都是枕头的罪　但是因此你怀疑我　是劳动啊　是苦海
啊　原谅我吧　（短歌"发髻散乱"）

7. 妓院里的美女　睡一个枕头很丢脸

8. 拿出两个枕头代替三味线　　（川柳"柳樽"）

9. 枕头发出紧紧咬牙的声音

10. 我问枕头我睡了还是没睡　枕头说话了　说你睡了

11. 枕头啊枕头　什么也不要说啊　那个可爱的人和我的关系　对
谁都不要说啊（冲绳德之岛的手手的枕歌）

12. 跟那个人见面的晚上就枕人的胳膊　那个人不来就枕自己的衣
袖枕头啊　床上剩下的空地太大了　过来枕头　过来我这儿
枕头呀　连枕头也疏远我了啊（《闲吟集》的"枕物狂"的狂言
歌谣）

邯郸的梦枕

中国河北省南部的赵国都城邯郸，有一个希望出人头地的青
年人名叫卢生，某日他遇到了仙人吕翁。仙人对他说："你如果想
出人头地就借走我这个枕头吧，这个枕头会让你享尽荣华富贵。"
卢生借来枕头之后，在上面小睡了一会儿。梦中的他变成了伟大
的人物，拥有极高的地位、身份，财产也迅速增加，还当了唐朝的国
王，这可真是出人头地到头了！别国进贡来的珍宝在仓库里堆得

像小山一样，侍奉在卢生身边的美女也成群结队，而且他也有了孙子和曾孙子，他们都围在他身边叫他爷爷。他在梦里看见了自己50多年的一生。可是当他醒来的时候发现在锅里煮的米都还没熟，这个梦竟是在这么短的时间内完成的，于是他对人生的兴衰荣辱顿生感慨。

这是唐朝李泌写的《枕中记》里的故事。这个故事很早以前就在日本流传，谣曲、歌舞伎、假名草子等里都有"邯郸之枕、卢生枕、卢生梦、一炊之梦"等以这个故事为素材的作品。

作为这个"邯郸之枕"的省略，"邯郸"也有躺在枕头上睡觉的意思。在《日本隐语集》里，邯郸除了作为枕头、旅店的隐语之外，江湖骗子、小偷等也被称为邯郸或邯郸师。此外，据《和汉三才图会》记载，有一种珍贵的、以南天竹为原材料制作的枕头被称作"邯郸枕"。

人们认为南天竹是可以转祸为福之物，常被做成祈祷的图案，绘有泥金画的箱枕的侧面也画有与貘的图案相对的南天竹。做床柱或枕头需要很粗大的南天竹，但是南天竹这种植物生长很慢，所以做一个邯郸枕是很不容易的事情。

人生的短暂也被比喻成"蝴蝶一梦"。其由来是庄子梦见自己变成了美丽的蝴蝶在天空中自由飞舞。无法区分梦境与现实的他说，"我是作为人梦见自己成了蝴蝶，还是作为蝴蝶梦见自己变成人了呢？"

现在心理学和睡眠科学已经将梦解析得很清楚了。可对古代人来说，梦却是神秘的现象，所以他们经常无法区分梦境与现实。

传说圣德太子在法隆寺的梦殿冥想的时候，在梦中受到了佛祖的垂训。太子是为了做梦而故意选择到梦殿去的吗？古代人认为梦里的启示是神佛的教诲，所以常常将自己的希望寄托在梦

吉原的名妓胜山

境当中。像贫苦书生卢生那样，如果在现实里生活得很悲苦的话就向枕头祈愿，把希望寄托在枕头上。作为其中一个具体的例子，我想介绍一下江户时代的西村重长画的名为"风流邯郸枕"的浮世绘。

东京国立博物馆收藏的这幅横开大本的红折画，把之前讲的卢生的故事挪到了当世的妓女世界中。

画中的妓女正以三味线为枕头打盹儿，从她脑海中生出的梦境被画在了画的上方，并用轮廓线圈住。虽然解说这个浮世绘有点多余，但是我还是参考介绍妓女历史和生活的《世事见闻录》简单介绍一下吧。

这本书的作者是武阳阴士，根据他的记载，在讴歌太平的时代，吉原的妓院是庶民文化的一个中心。有很多以这里为舞台创作的小说、净琉璃和戏剧，服装和发型的流行也以这里为前沿。头等妓女用奢华的家具、穿绚丽的衣服，既擅长歌唱，又精通技艺之道，过着不管赚多少钱都不满足的生活。虽然如此，那些知名的高级妓女其实也是通过拼命地工作来追求虚荣，而普通妓女的生活就更相当于无边苦海。

为了不让妓女生出懒惰思想，妓院老板通常是不给她们充足食物的，而且还让妓女们晚上不睡觉去讨好客人。妓女们一天要接待三个、五个乃至十个客人，不管遇到多么痛苦的事情都要笑脸相迎。如果客人不来了，妓女就会挨打，如果没有讨好客人，就会被剥光衣服用麻绳捆起来，还要被泼水。麻绳被水一浇就会收紧，妓女们只能痛苦地叫喊。妓女如果得病了，就会被卖到下等妓院去。如果逃跑被抓回来了，会遭到更严厉的惩罚，在妓院服务的年限也会被延长，而且欠妓院的借款也会成倍增加。如果妓女得了不治之症，妓院不会给医治。如果妓女自杀了，妓院为了防止她们死后作祟，会把她们的手脚捆起来，然后用草席包起来埋了。即使有能够完成在妓院服务年限的妓女，多数也变成了废人。

在这样苦难的世界里生存的妓女，做的梦是梦见自己走出了平常不让妓女出入的吉原的大门，像出笼的小鸟一样去剧场看了一场戏。

用高台搭建的戏棚右边是界町的中村座，左边是茸屋町的市村座。妓女头边的枕屏风上写着"短暂的夜里感觉就像梦境的二丁町"。二丁町是有戏棚的两个町的总称。以类似典故或故事为题材，得到新的创作灵感的画被称为"见立绘"或"亚西绘"。想要欣赏《风流邯郸枕》中的一幅，也不是件容易的事。

发源于枕头的扔扇子游戏

日本有一种扔扇子游戏。原来这种游戏并不被多少人熟知，不过最近又作为优雅的游戏在礼仪文化研究团体中流行起来。

这种游戏正如其名，是一种扔扇子击打目标的娱乐游戏，这种游戏与枕头有一定的关联。

据说安永二年 (1773) 六月，大阪的一个人在夏天睡午觉起来之后发现自己的木枕头上落着一个蝴蝶，于是就拿起身边打开的扇子瞄准蝴蝶扔了过去，蝴蝶灵巧地飞走了，扇子却立在了枕头上。这个人觉得很有意思，就又试着扔了几次，扇子虽然能够落到枕头上，但是怎么也立不住了。

他平日里很喜欢"投壶"这种游戏，于是就突然想到不如用扇子、蝴蝶、枕头组合起来创造一个新的游戏。

投壶也叫打壶，是中国周朝时代到唐代流行的一种游戏。人们在固定的地方放上坛子，然后轮流向里面扔箭，比赛看谁扔进去的多。这种游戏在奈良时代和围棋等一起传入日本，正仓院收藏的宝物当中，现在还存有作为这种游戏道具的金制和铜制的坛子以及木制的箭。

像飞镖或套圈儿等游戏一样，投壶这种游戏的规则很麻烦，所以过去好像没有大范围推广，而且一度差点儿被遗忘。到了明和四年 (1767)，有一个叫田中江南的人向世人介绍了中国司马光著的《投壶格范》这本书，这种游戏才又流行起来。及至后来，大阪那个后来号称"投乐散人其扇"的人发明了扔扇子游戏，这个游戏比投壶有趣得多。

告诉我存在这种游戏的是进行蝴蝶民俗学这种特殊研究的今井彰先生，那是在10多年前，我在讲谈社出版《枕头的文化史》之前的事。一开始我根本不知道扔扇子游戏是个什么东西。

今井先生在《扔扇子游戏与蝴蝶》(《行动与文化8》昭和六十年) 里介绍了这种游戏的玩法。游戏者用右手拿着打开的扇子，左手放在膝盖上，弯下腰，身体保持绷直，右肘贴在腋下，用拇指和食指捏住扇轴的前端，食指在上，拇指在下，然后瞄准，向放在毛毡上的枕头上的蝴蝶形目标扔过去。

但还不仅仅是这样，这个游戏还有很多复杂的日本式的规则。

扔扇子游戏的目标是木枕

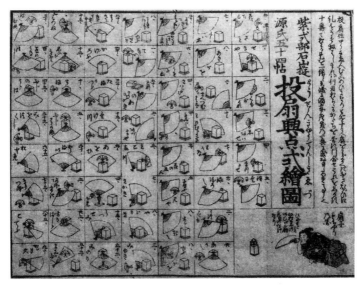

扔扇子游戏点式绘图（神宫征古馆收藏）

扇子无论是打中目标还是没打中目标，根据它的不同形态会参照《源氏物语》五十四章的名字和小仓百人一首命名，而且每一种名字都有相对应的分数。例如，最高的"高砂"是30分，"白布"或"春天的原野"是25分，之下还有两分、一分的，还有"风暴"减三分和"急流"减两分那种减分的规则。另外，当有人投出"高砂"和"白布"的时候，参加游戏的人会共同干杯庆祝。如果有人扔出"风暴"或者"急流"，那个人就会被罚两杯酒。

过去这种游戏就直接使用木枕头，代替蝴蝶的是用白纸包起来的外面系着金银色花纸绳的12个钱币，也有使用画着源氏香图案或松树图案的泥金画的木枕头的。

今井先生是研究蝴蝶的专家，所以可以将上下翻飞的扇子看成蝴蝶，也可以把扔扇子游戏的标靶比作蝴蝶。我则把目光更多地放在枕头上。

最初从午睡的枕头产生灵感，就像《投扇式序》中写有"枕头是悠闲时候使用的工具，当天下太平的时候，送出展开的扇子，这是喜庆的基础……"那样，枕头也被认为是珍贵的婚礼用品，后来也演变成了乍一看就不是木枕的放花瓶的台座。另外，尽管扔扇子游戏是为妓院或上流家庭使用并在江户时代后期才制作而成的，但由于配上了源氏物语等，也被电视介绍成是王朝时代的优雅游戏。

《武江年表》记载，这种游戏安永年间在大阪开始流行，后来在京都朝廷迅速推广，宽政、天保年间传到江户。这本指南书曾经大量出版，文政五年作为赌博用书被禁止传播。直到明治年间，这种游戏都在大财主中间流行。

三田村鸢鱼在《江户生活辞典》里介绍说，扔扇子游戏实际上是从女人的闺房里发源的。这种游戏起源于江户烂熟文化的一种游戏。嫖客在箱枕上放上钱，然后从另一个被窝里向妓女的枕头那里扔扇子，如果刚好把钱打掉两个人就在一起睡觉。今井先生也认为扔扇子游戏很可能起源于这种游戏。我也有同感，说什么午睡、蝴蝶之类的，完全是为了把游戏的格调提高一点，让扔扇子游戏更有情调。

现在还有一个以滋贺县大津市三井寺山里的圆满院为总部的"日本扔扇子游戏保存振兴会"。他们会定期举行全国大会，还会在京都的方镜寺、东京浅草的传法院等地进行这种游戏。这种游戏的整套道具在京都的"宫胁卖扇庵"里都能买到。不过这种古式的速度缓慢的"静"游戏实际上玩的人很少，据说桐木箱的道具是婚礼上主人回赠客人的纪念品或嫁妆之一。我认为扔扇子游戏继承了枕头是嫁妆的正式家具的传统。另外，山种美术馆里有一个大画家森田矿平在四折屏风上画的"扔扇子游戏"的出色的作品。

枕头的游戏和杂技

关于自己的修学旅行，我记忆最深刻的一件事就是在旅馆里扔枕头。可能记不清具体是去哪参观学习，但是大家都有关于扔枕头大战的记忆吧。

我觉得现在这种游戏会因为容易受伤而被禁止。在伊势志摩的修学旅行的胜地二见町，听海边旅馆的老板说，这种游戏作为一种传统被后辈们继承下来，老师们也认可这种活动，所以这种游戏十分流行。

在摆了一大排被子的大厅里，淘气的小学生们用的都是软硬适中的柔软的体操垫子。小孩们可以在上面前滚翻、后滚翻、倒立，等等。

"大家安静一下！"带队老师喊了一声，然后说"接下来我们开始扔枕头游戏了哦！"所有学生就都不出声了。"扔枕头需要规则，大家一起想想制定哪些规则吧"老师说完，孩子们开始踊跃地提出意见，"不能开灯""不能集中一个人打""不能打到天棚上"。老师说："对了，打到天棚上的消防喷头，它会喷水的"。然后关灯，老师喊"开始"。黑暗中，枕头开始上下翻飞。孩子们抓起枕头就扔，捡起枕头也扔，枕头发着闷响在屋里飞来飞去。伴随"停止！"的号令，老师打开了灯。在二见的扔枕头大战就这样结束了，地上枕头套和枕芯分离的比比皆是，乱作一团。

在修学旅游尽情地狂欢了一通后睡觉　　　　　恭水

我听说在美国和英国的学生宿舍里也有和日本一样的被称作pillow fight的枕头大战。

过去还有一种叫作"枕ナンコ（makura nannko）"的游戏。

"ナンコ（nannko）"就是"几个"的意思。这是种在酒席上把杉木做的筷子折碎或者将棋子等东西放在手中，两个人相对而坐，喊着"猜我手里放着几个"的游戏，要不停地互相猜，过去可能也有使用小枕头的吧。

井原西鹤的《好色一代男》里也有"到了夜里还不睡觉，玩枕跳，一大把年纪了竟还玩儿转陀螺、扇引等游戏，一问'猜有几个'，就自然地勾起童心，吵闹起来"。枕跳与小布袋的玩法类似，后面还会介绍，它是一种摆弄木枕，看玩者最终能得到几个枕头的游戏。ナンコ（nannko）是现在的小布袋那样的东西。

小布袋主要是关东地区的叫法，东北地区叫"イシナンゴ（ishinanngo）"或"ナッコダマ（nakkodama）"，大阪叫"オムク（omuku）"，京都叫"おコンメ（okonnme）"，中国地区和九州地区叫"イシナゴ（ishinago）"，伊势地区叫"オノセ（onose）"。

枕返（出自宝永年间枕返画名　　　枕头的杂技（出自《日本风俗图绘》）
次表）

　　过去的孩子把小石头或小豆子装进小枕头里，用这些枕头玩儿各种各样被叫作小布袋、钓小鱼的游戏。后来小布袋的主要玩法变成了一边唱歌一边把小布袋往上扔，然后按照各种各样的规则接住它。而原先这种"枕几个"或"石几个"的游戏是指从小布袋里抓出枕头或石子，然后猜手里有多少个。

　　战后一段时间，因为没有游戏的道具，我小时候的女孩子们就用这种小枕头玩钓小鱼的游戏，现在已经见不到了。日本女性之所以手这么灵巧，可能与这个游戏也有关系。所以，现代的妈妈们，别整天只对孩子念叨"学习"、"学习"，饱含深情地做一个小枕头，让孩子们一边玩一边训练手指吧。

　　此外，使用枕头的游戏或杂技，还有"枕返、枕引、曲枕、枕跳、枕癫狂、邯郸枕、枕重、数枕"，等等。

　　根据《见世物研究》(朝仓无声，思文阁出版)，《唐会要》的散乐杂技一项里记载有一个叫"弄枕珠"的杂技。在中国,枕头的杂技被称作弄枕,这种杂技可能没有被传到日本,至少在江户时代之前的文献里没有看到。

日本的枕返这种杂技最早是由宽永年间京都的善次郎和武藏演出的,正保年间传到江户,在堺町的见世物小剧场里公演。

枕返的方法在《和汉三才会》里有所记载,"是一种耍枕头的把戏,将10个木枕头摆在一起呈一个柱形捧在手里,然后随意从中间一个一个抽掉,重复数次。"也就是一种将枕头层叠起来再抽掉的杂技。据《图说庶民艺能——江户的见世物》(古河三树,雄山阁出版)记载,江户时代初期,有一个专门演这种惊险杂技的戏剧演员,他演的戏名叫枕返之曲。

町人家有很多年轻人学习这种杂技。不管什么年代,年轻人总是追逐潮流的。当时因为这种杂技的道具很少,所以木枕头就成了合适的道具。

《ひそめ草》(正保二年(1645))里有,"年轻人集会的时候,有一个人收集了很多木枕头重叠起来,放在手上,让旁边的人选择抽哪块,他就把哪块抽出来,然后再放到双手上,动作非常娴熟,可以做很多种动作。"

从《出来斋京土产》四条川原见世物一项及《后撰夷曲集》《季吟二十会集》《山边千句》等书可以看出,这种杂技从宽文到延宝年间(十七世纪)在江户和京都、大阪等地流行。延宝八年出版的《向着江户的山冈》一书里记载有"杜鹃技艺枕头玉之助"这样一句,可以知道玉之助是个手巧的人。

净琉璃《倾城反魂香》(1708年初演)里也有这样一句台词,"才只有16岁的小孩子,从摆起来的枕头中抽掉一个,再抽掉一个,动作非常灵巧"。后来,这个场面还成为大津绘的素材。

相传元禄时代有一个叫作古传内的小剧场老板，他同时也是个有名的杂技演员。他经常喊着"稳稳地、稳稳地，轻轻地耍枕头，不看的话连女人都会感到可惜的"来招揽顾客。不过这个时期新奇的、令人吃惊的惊险杂技和见世物相继出现。文献上距今最近一次关于惊险杂技的记载见于文化二年（1805）春天，在江户以东两国演出的大阪的女杂技演员的公演顺序表。

"邯郸的枕头"或者叫"邯郸的梦枕"也是惊险杂技的一种。其名字由来正是之前介绍的中国故事。这种杂技的表演形式是演员在悬空的棒子或者网上屈肘为枕、横卧在空中。

枕癫狂的癫狂指的是一种欢闹的游戏。参加游戏的人把垒起来的枕头从一个人的手掌上移到另一个人的手掌上，还不断从中间抽掉枕头。

落枕指的是一个人拇指在下，其他四个手指在上牢牢抓住枕头，然后伸向另一个人，这个人用包括食指在内的两个手指将这个枕头拽掉的游戏。

枕相扑指的是两个人将枕头放在握紧的拳头上互相撞击，谁的枕头先掉下来谁就输了。这个游戏的窍门是在对方用力撞过来的时候巧妙地躲开他。

枕跳也叫枕拍子、枕鸟，是一种摆弄木枕，看玩者最终能得到几个枕头的游戏。

拉枕头的游戏方法是两个人分别用手指夹住一个木枕头的两端，然后用力拉，将枕头拉到自己手里的一方为胜者。这种游戏主要是妓院的宴会上男女之间进行的一种策略性的游戏。喜多川歌磨的版画里也有一个妓女和仁王进行这种游戏的有趣画面。

以上这些游戏主要都是以木枕进行的，像现代人使用的那种平枕，估计也就只能做一做类似于投接球的游戏了。

圆木的长枕

圆木的枕头

过去农村有一种叫"若众宿"或"若者组"的集团，集团里的一群年轻人晚上聚在一起做手艺活或聊天并住在一起。关于这种集团，不同地区的制度略有不同。一般都是年轻人在15岁左右的时候加入进去，一成家就马上退出组织。年轻人一参加这个集团，就会被村里人公认为他已成为一名成年男子。

在这个集团集会的场所有一个可供多人一起使用的长圆木的枕头，这种风俗各地都有。

村里的年轻人白天都在自己家干活，吃过晚饭就聚集到集会的场所。年轻人们会聚在一起做些手艺活，农村就用稻草编草鞋、草席等，渔村的话就修补渔网。年轻人们一边开夜车干活，一边聊些女人的话题或者比比力气。他们同时也做些祭礼或夜间警备的服务工作。这个"若众宿"的管理者被称为"宿头"或"宿亲"，他只要一踢圆木长枕头的一头，睡在上面的所有人都会一起醒过来。

这被认为是年轻人为了成为社会集团的一员，在"若众宿"这一修养场所接受的保持秩序的训练。

"若众宿"一般是借用村里有威望的人或者是无需客套的年轻夫妇的家等合适的地方为活动场所。据说伊豆半岛和四国的渔村直到近几年还遗存着供"若众宿"活动的专用建筑物。而且，在民俗学的相关书籍里也屡次出现关于长枕头的叙述。我想这种枕头可能就是一根圆木,现在没有存留下来的实物。《日本的美术58 生活用具》(至文堂) 中介绍说,伊豆新岛保存有一个这样的长枕头。

听说同样的枕头在以前的商家也有。在那些小伙计和学徒众多的大商店里,也有一种被称为"长枕"的圆木枕头。只要敲打枕头的一端,所有伙计就会一起起来。

此刻可爱的小徒工们被掌柜的一敲枕头叫醒,一起起床揉眼睛的样子浮现在我的眼前。不过,这种枕头只留下了传说,却出人意料地没有遗存下来。在我留意哪里留下过这种枕头的时候,吉野裕子告诉我说山形县鹤冈市的致道博物馆复原了一个过去老百姓家的灰暗的卧室,在卧室一角里放着一个这样的长枕头。

这种圆木的长枕头睡午觉的时候使用一会儿的话还说得过去,每天晚上都用这样的枕头睡觉的话实在让人受不了。特别是放在今天的话,这会成为一个蹂躏人权的大问题。

不过,也有在劳务管理上无论如何都需要这种枕头的地方,那就是江户时代的消防组。江户时代的消防组是庆安三年 (1650) 成立的,是世界上最古老的消防队。"定火消"是直属于若年寄 (日本江户幕府的官职之一) 支配的旗本大名的官名,被称为"卧烟"的消防员都是有豪侠气概的流氓。消防员们即使是在很冷的天,也只穿着一件号衣一起在一间大房子里生活起居。如果火警瞭望塔敲板木或警钟发出火警信号,值夜班的消防员就会敲打圆木枕头叫醒大家紧急出警。

担负着江户街市防火和非常警备任务的消防组的组织是很复杂的。因为江户市内经常发生大火,享保四年 (1719) 南町奉行大冈越前守就在町内设立了48 个消防组。而且当时还专门立有消防队的队旗,还有关于发火警信号的成文规定。即使先发现了火情,消防组的大鼓不敲响,别的警钟就都不允许敲响,消防组的大鼓一响，各藩的火警信号继而各厅的火警信号就会相继响起，城里就变得一片嘈杂。所以，为了保证消防组的迅速出勤，使用圆木枕是很有必要的。另外，在土木工程的宿舍使用的长枕头也被称为"饭场枕"、"土方枕"。

此外，中国也有专门利用圆木枕头的不稳定特性的事例。那就是被称为"警枕"、"圆枕"、"丸枕"的枕头。据《吴越备史》记载，武肃王在行军打仗的时候，为了保证经常出动，就使用不能安眠的圆木枕头。

《资治通鉴》的作者、北宋著名学者司马光为了做学问，也使用一种叫作"圆枕"的圆木枕头。迷迷糊糊的时候枕头一转就马上清醒了，然后他就起来继续读书。所以勤学苦读也常常被形容为"圆木警枕"。

枕头的奇闻轶事

北宋文学家欧阳修说，思考问题时最容易产生好主意的地点就是"马上"、"枕上"、"厕上"这三上。

"马上"按现代人的理解，就是在驾车途中或者是坐在通勤电车上。

"厕上"就是上厕所的时候。如果是"思考者"的类型，那这个时间段也会想出好主意。

"枕上"就是睡觉的时候。我也经常在睡梦中想出好主意，但是醒来了就忘了，光剩一些拙劣的想法了。不过，诺贝尔奖获得者汤川秀树博士在一个刮台风的夜晚，因为雨，窗被风雨吹打得咔嗒咔嗒作响，完全睡不着。于是他就一边变换枕头的位置，一边昏昏欲睡，就在那一瞬之间想出了"介子理论"。

还有诺贝尔奖获得者福井谦一博士也说，他是躺在床上的时候想出了"前沿电子理论"。

元素周期表的发明者门捷列夫和研究苯核的科学家斯特拉多尼茨两位科学家也是躺在枕头上产生了历史性的想法。这样的例子，古今中外还有很多。

现在想来我要进行枕头研究的想法也是在枕头上产生的。而且，我对枕头的关心在很长一段时间内对谁也没有说。所以导致我每当在演讲时稍微透漏了一些关于枕头内容时、在海外旅行期间看见珍贵枕头时、想请求别人整理仓库时如果发现旧枕头就赠与我作为研究参考时，就会产生要是早点公开我的研究课题就好了，这种后悔的想法。

只有特别亲近的人之间才会以枕头作礼物互相赠送。但是关于枕头的奇闻轶事里也有特殊的例子，《太平记》第二十一卷就有一个这样的故事。

南北朝时代的武将足利尊氏的管家高师直是个花花公子，每天晚上都会跑到公卿的女儿那里鬼混。有一次，他听说制盐判官高贞的妻子是个大美人，于是就非常想把她据为己有。为了得到满意的答复，他特意准备了10件丝绸棉袄和香木的沉香枕送给高贞，并请求他将妻子赠与自己。10件丝绸棉袄倒不是什么大不了的东西，但是沉香枕头是很珍贵的东西。但是他怎么等都没有回信。到第三天，等得不耐烦的高师直又向高贞赠送美酒佳肴继续催逼。但是送信的使者传回高贞的口信却是"实在是不行，我也说服不了我的妻子，请打消这个念头"。

听到让自己放弃的回信，高师直立刻生气了，他想自己是当了18年幕府管家的最高权威者，不可能有不听自己话的女人。于是他想还是转换一下手法改为给她写情书。他虽然既擅长和歌也对自己的书法有信心，但还是决定请使者去找当时最有名的书法家吉田兼好替他写情书。吉田兼好说："这可真是对我委以重任啊!"那封情书是用最好的纸写的。除此之外,这次高师直还向高贞的妻子赠送了香料。出人意料的是,这回的情书却被使者带了回来。高师直十分生气,就问使者为何不将情书递送给高贞的妻子,是因为兼好法师的文章太高深难懂吗?使者很难为情地说他确实是送了,但是高贞的妻子连看都没看就给扔到了庭院中,他怕情书被别人捡去就麻烦了,所以没办法只好带了回来。

于是,高师直又送去了《古今和歌集》的和歌,但还是被严厉拒绝了。那之后高师直又尝试了几次,可都没有成功。这个故事也被运用在歌舞伎《假名手本忠臣藏》的序幕部分,而被大众所熟知。

剑客冢原卜传也有使用木枕的轶事。

他在从三个养子中选择继承人的时候,把木枕放在拉门上方,然后将三个儿子分别叫到房间里,想看看他们在打开拉门木枕掉落时都有什么样的反应。

第一个儿子躲开了枕头。第二个儿子把掉下来的枕头砍成了两半。第三个儿子因为在枕头掉下来之前就有所察觉,所以若无其事地将它拿了下来。这就可以看出,第三个儿子具备了"眼观六路、耳听八方"的能力,是合格的剑客。

昭和五十一年 (1976),作为山口县报社记者、乡土报社主编的吉永茂自费出版了一本名叫《与众不同的文化史——枕头》的书。这本书应该是关于枕头的文化史的滥觞。这本书正好成为了同样对枕头感兴趣的我的参考材料。书里介绍了一个叫"枕教"的小故事。

昭和二十年八月,战争结束的同时,日本也实现了宗教自由。据说当开始实行宗教申报制度的时候,有大约720个宗教团体提出了申请。据说其中有一个把陶器的枕头作为神体的宗教。

这个宗教的教主是神户的一位卖陶枕的商店老板。他宣扬信他的宗教的好处是，他的陶枕里蕴含的灵力可以保佑人们健康长寿。可是，昭和二十六年 (1951) 日本制定了《宗教法人法》，教团开始实行认可制。这个枕教因为没有信徒，而且被认定为其存在是以免税的恩典为目的，所以就失去了其宗教资格。

边见纯写的一本书里介绍了停靠在冲绳准备出发去战斗的大和号战舰的船员被允许和亲人见面，有一个战士的姐姐给他带去了牡丹饼的故事。

年仅17岁的战士觉得这可能是和家人最后的诀别了，不禁涕泪纵横，一口饼也没吃。那个牡丹饼里的白糖是小战士的姐姐好不容易拜托朋友分给自己的，但是红豆却怎么也弄不到，最后姐姐只好用枕头里的红豆做了这个饼。如此这般，关于枕头的喜悦和悲伤的故事还有很多。

卖枕头和租枕头

枕头大概是从什么时候开始在市场上销售的呢？

如今在寝具商店和大商场的寝具专柜里能很容易地买到枕头，妻子和母亲手工制作的枕头也有很多。

过去大多数人用的枕头都是手工制作、自给自足的，或者是拜托手艺精巧的人为自己制作的，这样专门从事枕头制作的人就应运而生了。

室町时代的《七十一番职人歌合》里有一个卖枕头的插图，图上附带有"你还有另一个枕头，悄悄地卖啊"这样的词。从图上可以看到，一个人正从袋子里取出一个有棱角的藤制的涂了漆的枕头，那个枕头和将军家公主使用的枕头形状相同，在当时应该是一

个相当高级的枕头。而且，书上还附带了

寒冷的秋天在卧室门口　寂寞的夜晚　月光照进屋里　浸透进我的身体

从壁橱拿出几天前刚做好的新枕头　不论遇到多少困难　我们两个人都一同面对　白头偕老

这样的和歌。不只表达了字面上的因为室内的枕头刚涂完漆没几天而使皮肤起反应这样的意思，还表达了更深层次的意思。

根据《人伦训蒙图汇》的记载，皮革师们会到处寻找皮革来制作马具、枕头、被子和钱包等东西。京都的春日通东洞院的西边有做这些东西的皮革师，当时的鞣革枕头也是专业人员制作的。

枕头的商业活动应该是很早以前就出现了的。平安时代就出现了市场，我想那里边一定有卖枕头的。

到了江户时代，便出现了在全国各地游走卖枕头的小贩。不过，那些人大多都兼卖布匹绸缎。当时有名的浮世绘画师奥村利信也作了一幅与此相关的版画，画面上是一个背着装有绸缎布匹的衣箱的小商贩，衣箱上写着"便宜卖绸缎布匹"，上面还有3个用绳子捆在一起的枕头，小商贩正在串街叫卖。这幅版画被称为"卖绸缎布匹的商贩"。其实这幅画画的是歌舞伎舞台上演员的装扮，但实际生活中应该也有这样的小商贩。画面中的3个枕头都是两端带有穗子的高级的括枕。

还有与此图相似的其他的版画。比如一个叫作"京都产的张枕"的牌子。"京都产"是指在京都制作的上等品，张枕是在木头的枕芯外面粘了几张纸，在纸上涂了漆的稳固的枕头。画面中的人手里拿了4个张枕，衣箱里有8个括枕、几个张枕和箱枕，行李上还堆放着6个括枕。从这可以看出，当时枕头的种类已经有很多了。

左：卖枕头的商贩（出自
　《七十一番职人歌合》）
中：又卖枕头又卖布匹的
　商贩（奥村利信画）
右：卖枕头的商贩（京都产
　的张枕）

上：三等夜行列车的轻便枕头（出
　自《国铁100年史》）
左：国铁租枕头的票据

在柳亭种彦的《柳亭笔记》的"各种枕头名"这一部分可以看到入子枕、折枕、戳记枕、皮革的括枕、草垫枕、张枕、网枕、继足枕、安培拉枕、印花枕、隔间枕等枕头名。市场上也有套枕头的枕套和枕罩。文中还出现了"卖枕头的小商贩在梅雨时无所不知的样子长孝"这样的句子。

江户时代有一个这样的小故事。

有一个在大名家里叫卖"枕头、枕头"的小商贩，在刚卖给大名的新婚妻子一个带有常春藤家徽的枕头之后，正要走出门口的时候，与外出回来的那家的主人发生了冲突。那家主人喊："小子，无耻的混账，我要宰了你！"小商贩说："我什么坏事也没干呀！"

"闭嘴闭嘴，你和我妻子睡觉了。"

"没有、没有，还没睡。"

现在，有一个专门经营作为床上用品的枕头的行会，叫全国枕套联合工会 (东京都品川区南大井 5-3-12)，东京和关西 (东大阪市菱屋西 6-2-6) 也设立有一个协同行会，大约 150 个公司一年要生产大约 2 500 万个枕套。近 10 年间，这个行会发展迅速，包括不属于行会的作为健康器具的枕头在内，虽然是不怎么起眼的商品，其销售量却相当可观。枕头是每个人至少需要一个的物品，所以这种商品应该很有发展前景。

从中国旅行回来的朋友给我写了一封信。他说本来想买一个带有虎的刺绣的枕头送给我，但是只买一个商家不卖。那种事我真是没想到，可能现在枕头都变成男女双人用的套枕了。过去日本市场上也出售一种叫作"夫妇枕"的成套的箱枕，现在也有成对的枕头。不管在哪，商人们都很会卖枕头。

在大正时代的国营铁路上还有租枕头的业务。

根据《日本国有铁道一百年史》等书的记载，大正九年 (1920)

八月十二日清水干次设计的国有铁路客运列车内的"轻便枕头租赁业务"提案获得批准。八月十五日开始在上野·新泻间的第一〇一、一〇二次列车的三等车厢里，这种租赁业务正式开始，当时一个枕头的租金是30分日元。

当时的长途夜行列车上设有一、二等卧铺车，但是没有三等卧铺车。为了改善三等车厢的长途旅客的乘车环境，这种业务就获得了批准。

乘客座席的靠背上装有金属零件，如果有乘客预约租赁这种轻便的枕头，服务人员就会把枕头安装在靠背上，当时这种服务受到了好评。这样，允许租枕头的列车被进一步增加。大正十年(1921)二月，这种枕头的设计者清水干次开了一家名为"皮埃尔合名会社"的公司，致力于进行枕头的进一步改良，因此租用枕头的乘客也越来越多。到了大正十二年(1923)，主要干线的三四等列车也开始进行这种业务活动。

当时负责租赁枕头业务的服务员的服装是黑色的，衣服的立领是藏青色的，衣服上还带有金纽扣和红色的镶边，在当时是相当华丽的衣服。

大正十四年(1925)五月，有关方面制定了《列车内营业相关手续》这样的专门针对枕头租赁和食堂营业的营业准则。枕头租赁业务仅限于在三等客运车厢内进行，租赁数不得超过座席数的一半，营业人员还要定期提交营业额报告。最初30分日元的租用费也以枕头使用原料的改良为理由而在大正十年(1921)十一月涨到了40分日元。因为这种枕头受到好评，清水干次先生应该赚了不少钱。

可是，有一些莽撞的营业员强行向旅客租赁枕头，因此也招来了非难之声。大正十五年(1926)八月十四日，这种租赁枕头的业务正式宣告结束。可是,很多旅客希望这种业务能够重新开始。自昭和四年 (1929) 九月二十五日起,为了显示加强服务的意图,这种业务以铁道省直营的方式再次出现,租金是每个枕头 30 分日元,后来这种租赁业务逐渐扩展到各干线的列车上。但是由于长期使用,枕头的损伤严重,因为修缮经费昂贵,昭和九年 (1934) 三月末开始这种业务被全面废止。

寿命三寸　乐四寸

过去人都说"寿命三寸、乐四寸"。

据《俚语集览》(太田全斋编,1797 年) 中"制作枕头的方法"一节里的介绍,4 寸 (13 厘米左右) 的高枕头枕起来舒服,但是要想健康长寿,3 寸 (将近 10 厘米) 的枕头才最合适。江户时代的随笔《守贞漫稿》里也是这样写的,很多人都知道这件事。

那么这句俗语,真的是正确的吗?

过去人好像也相当在意枕头的高度。所以从经验中得出了这句作为一个准则的俗语,但是现在和过去的睡眠条件和环境都已经有很大不同。扎发髻的时代,人们是不把枕头放在褥子上睡觉的,一般都是把枕头直接放在榻榻米上睡觉。睡眠姿势则因人而异,不能一概而论。但是大体概括的话,人们开始把枕头放在褥子上睡觉,应该是从不使用船底形箱枕的大正时代开始的。褥子的尺寸也是从大正时代开始变大的。可是"寿命三寸、乐四寸"应该指的是箱枕和括枕的时代,在现代来说应该是"寿命六厘米、乐八厘米"吧。

在此,我再次简单地总结一下枕头的历史变迁。用树或草捆的是原始时期。后来枕头的形状演化为适应发型变化的形式,木枕和草枕成为主体,分为硬派的木枕和软派的草枕两个体系。据推测,数目上括枕应该居多,但是由于没有保存,所以遗留下来的不多，容易被掩盖在木枕和陶枕等少数派的阴影之下。不久，括枕和木枕合体，在木枕上放置细括枕的箱枕出现并逐渐成为主流。原来的括枕被蔑称为和尚枕，但因为明治维新的断发令，括枕再次时兴。然后到了昭和三十年代 (1955~1965)，合成纤维普及，伴随着"洋被褥"这种寝具的西化，如果使用洋被褥的话枕头也得使用洋枕头，这样枕头的形式也就急剧向靠垫式的平枕转变了。

宛如政党的变迁一样，枕头也随时代的转变而发生着变化，这是一件很有意思的事情。

人类已经有几千年使用枕头的历史了。而且每个人三分之一的人生都是在枕头上度过的。但世人对枕头的关注不足，枕头的改良进步也很缓慢。不过这十几年来，可以明显感到人们对枕头的关注度有所提高。有人问我什么样的枕头是最好的。我开玩笑似的回答，"膝枕，年轻美女的膝枕"。

所有的事不要急也不要闹，暂时以美女的膝为枕……喝醉了，枕在，美女的，膝……

挖耳时以膝为枕，这样陶醉的梦境

以这个男人的愿望为灵感，昭和六十二年 (1987) 东京的玩具制造商制作了一个名为"梦枕"的端坐的女性大腿形状的枕头，并且上市销售。

在迷你短裙上扎了一个围裙的这种造型，被批评有一点点色情是在挑逗男人，也不知道卖得好不好。

不过说年轻美女的膝枕可以安眠是没有道理的。那么，舒适的枕头到底是什么样的呢？本杰明·富兰克林说过，"疲劳是最好的枕头"。但是，好枕头应该具备可以安眠、消除疲劳、枕着舒适等特点。进一步讲的话，应该是让人感觉不到枕头存在的安眠的枕头。

当然，想做到这点是非常困难的。因为每个人头的形状、睡觉

大正时代也使用这种藤枕和箱枕
（伊势市的老百姓家使用）

昭和初期的括枕（和尚枕）

的姿势、睡眠时间、翻身的次数以及卧室的环境都不一样，身体状况和个人喜好也是千差万别。所以不能简单地说什么样的枕头是最好的。

从人类最初站立起来用双腿行走开始，人的大脑就急速进化，后来发展到大脑的重量已经达到类人猿的三倍。为了支撑这么重的头部以保持平衡，人的脊椎就进化成了缓和的S形。人不接受多余的外力自然地站立是最放松的姿势，但是当人仰卧的时候，头部就出现了空隙。这时枕头就成了必不可少的东西。即使能够利用电脑并结合人体工学原理计算出一个枕头的合适高度，但因为人的个体差异很大，睡觉姿势也不一样，也无法认定究竟哪种尺寸是最佳的。

最近，整形外科等领域好像正在进行枕头的研究。虽然知道接触枕头的颈椎、也就是连接脖子和头盖骨的7根骨头，是人体中最重要的神经集中的部位，但是今后还要针对经过具体测量的医学用枕进行研究。迄今为止，对枕头的研究主要集中在家政学领域。研究内容主要是从枕头的高度、大小、材质、硬度、温度、湿度等条件出发,调查究竟什么样的枕头是受欢迎的。

到目前为止,比较吸引我的是一篇昭和四十年(1965)的稍微陈旧一点的研究论文。这篇论文是广岛大学教育系教授、同时也是安田女子大学的教授儿玉松代和广岛大学医学系卫生学教研室开展合作研究之后得出的成果。

我们每年都能在各地的大专或大学的家政学专业看到"枕头的研究"这种题目的毕业论文,而且每篇论文都很相似。基本都是"你现在使用什么样的枕头? 你对你的枕头感到不满意吗?"这样的问卷调查。

于是就会搜集到过小、过高、过重、过硬、过软、过热(散热性不好)、轻飘飘的不稳定、不好清洗、枕套太滑、与皮肤接触的感觉不好等回应。

而儿玉教授等人制作了840个枕头,让不同的人来亲身体验,最后看看哪种枕头是最受欢迎的。研究人员将荞麦壳、木棉和泡沫橡胶等材料分别装进尺寸不同的70种袋子里,装填的时候,也把枕头分成100%装满的硬枕头、80%、60%到40%的软枕头四个类别进行填充。然后让10个人来测试这些枕头,最后喜欢荞麦壳枕头的有7人,喜欢木棉枕的有两人,喜欢泡沫橡胶枕的有一人。喜欢荞麦壳枕头的人里面,有5人喜欢装填程度为60%的枕头,有两人喜欢装填程度为80%的枕头。

最受欢迎的荞麦壳枕头,其填充重量是1 700克,枕头的外观高度为9.9厘米,头枕时的高度为7.2厘米,头与枕头接触的面积是194平方厘米,枕袋的大小是宽56厘米、周长71厘米。

有两人喜欢装填程度为80%的木棉枕,其重量是640克,外观高15.4厘米,使用时的高度为7.6厘米,头和枕头的接触面是240平方厘米,枕袋的尺寸是宽57厘米、周长67厘米。

只有一个人喜欢的填充物为60%的泡沫橡胶枕，其重量是462克，外观高17.7厘米，使用时高7.8厘米，头与枕头接触面是302平方厘米，枕袋的宽度是59厘米、周长是68厘米。

后来，研究人员进一步以广岛县内的345人为对象进行调查，结果显示大多数人都喜欢荞麦壳的枕头。受欢迎的枕头尺寸是比一般旅馆使用的枕头稍微大一点的，使用时的高度在6~8厘米，宽度在56~59厘米之间。

枕头过高或者过低，头盖骨与脖颈之间的颈椎就容易错位，还容易造成打呼噜或落枕等现象。于是，调查人员专门结合脑电波测试研究得出最舒适的枕头的高度应该是在6~9厘米。从显示脖颈肌肉紧张程度的肌肉电图可以看出，高度6厘米的枕头是枕起来最舒服的。不过这些调查数据都是以成人为标准的，儿童的应该略有不同。大体上枕头的高度应该是和自己攥紧的拳头立起来的高度相当。所以请各位母亲留意，随着孩子身体的成长，枕头也是有加大加高的必要的。

枕头的填充物材质应该以吸汗而且容易散发湿气、不会湿漉漉的、凉爽的为宜。在头枕上去后的短时间内就达到与头部相同温度的材质是不利于安眠的。

于是，儿玉教授就选了稻壳、红豆、羽毛等10种常见的枕头填充物测试它们的吸湿性、放湿性和保温性等性能。这次教授让学生们实际使用这些枕头，然后进行实验检测。

室内温度被设定为20℃、湿度是75%，在枕头被使用了一小时后检测的结果是，荞麦壳温度34.8℃、湿度77%，稻壳温度36.0℃、湿度82%，木棉温度36.4℃、湿度78%，泡沫橡胶温度36.0℃、湿度91%。也就是说，泡沫橡胶是最容易携带湿气的，所以不适合做枕头。

硬度测试结果是怎样的呢？枕头与头的接触面积按从大到小排列依次是泡沫橡胶、木棉、荞麦壳。木棉和泡沫橡胶的枕头整体都塌陷下去了，荞麦壳的枕头只有头枕的部位有凹陷。

实验证明，头与枕头的接触面在200~255平方厘米，压力是一平方厘米80~90克的枕头是最利于睡眠的。这相当于在长20厘米、宽56~59厘米、周长67~71厘米的枕袋里装1 700克荞麦壳或540克木棉的枕头。

问卷调查和实际使用后的实验得出以上结果。但是，人类是有感情的，有很多不利于身体健康的东西却依然被人喜欢，还有依照习惯而喜好的东西。经过反复进行科学调查人的脑电波和肌肉电图的实验，得出的结论是，人枕荞麦壳枕头的入睡时间是32分钟，泡沫橡胶枕是56分钟，睡醒之后最解乏的也是荞麦壳枕头。

触感好的是羽毛或者化纤棉（聚酯绵）枕头，而且这种枕头还容易翻身。如果更在意冬天的保温性的话，聚酯绵是比荞麦壳更好的东西。枕头的宽度要以翻身的程度为依据，每个人的身体也有差异，睡眠习惯也各有不同，还要注意枕头与褥子之间的平衡，所以无法下定论说哪个枕头是适合所有人的。枕头是极其注重精神要素的东西，人依据每天的状态不同喜好也会有所不同，我想这个观点是每个人都同意的。

儿玉教授得出的实验数据都是30年前的东西，现在也有各种各样的枕头填充物，市面上应该也出现了比荞麦壳更好的东西。在儿玉教授之后，也有很多同样的问卷调查。平成五年（1994）十一月，NHK电视台也做了一期名为"今天开始熟睡、关于睡眠和枕头的大研究"的节目。那个节目专门使用了磁气共鸣画像诊断装置，还请了枕头顾问。最后得出的结论是，人类的大脑需要大量的氧气，不合适的枕头可能会对身体健康造成重大影响。

也有枕头的标准高度应该是6~8厘米，稍微低一点也可以的说法。有的一流宾馆为了满足客人的喜好，准备了多达10种不同的枕头。

日本有四季的变化，因此也有必要准备适合相应季节的枕头。如果可以的话，一个人应该准备3个枕头，那就是冬天用、夏天用和消遣用的枕头。

消遣用的枕头容易让人产生误解，也可以称其为做梦用的枕头。就是把抱枕自我暗示为是可以做好梦的枕头，或者是再来一个有情调的枕头。这样的第三个枕头，您觉得怎么样呢？

我写一个人应该有3~4个枕头，枕头行会应该会很高兴。总之，理想的枕头应该是构造简单的、高度是使肩部受到的压力和枕头受到的压力相同程度的、头寒足热的、基本不让人感觉到枕头存在的、可以令人舒适自然入睡的，并且是气派的、干净的枕头。

对于枕头这个共同度过人生三分之一时间的长期伴侣，为了尽量睡得舒适，我们应该实际尝试并慎重选择。对枕头的投资也应该稍微增加一点，从而找到更适合自己的"我的枕头"。

现代人与枕头

像卡夫卡的小说《变形记》里一早起来主人公变成毒虫那样，日本也有一个科幻小说写了一个人早上醒来以后变成枕头的故事。

这部作品是藤田一郎写的《枕头》，收录在星新一编的《超短篇小说的广场3》(讲谈社版) 里。

主人公因自己竟然变成了笨拙的枕头而吃惊不已，内里却是没有意志的荞麦壳和木棉一样的被挤碎的形态。他用右手抱着变成枕头的自己坐电车去公司，人们看到如此在意地把枕头抱在怀

现代的创意枕

据说具有磁气和指压效果的制品

最近有各种各样变换形态的枕头

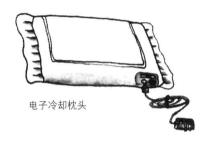

电子冷却枕头

里的主人公居然没有露出不可思议的表情。他想他们一定把自己当成是推销枕头的销售人员了。主人公在电车里正迷迷糊糊地想着这些事的时候，被年轻女孩的高跟鞋一脚踢出了站台，就此失去了心智。

　　醒来时主人公在精神病院。医生提出了很多问题。

　　"最近你是不是工作过度啊？"

　　"睡眠时间是不是特别少啊？"

　　"没有什么都不想，只想好好睡一觉的想法吗？"

　　作为枕头的自己只有一个劲儿地点头。

　　"你这是都市精神病的一种，你一定是十分羡慕整天躺在床上的枕头吧？"

　　我点了点头。

虽然这个小说的情节很无聊,但如果故事里的心理医生问我"写什么枕头的文化史应该和那个故事是一样无聊的事情吧?"我可能会毫不犹豫地严肃地点头。

上古时代以来,人类就是日出而作、日落而息,这个规律一直保持了下来。所以人即使整晚都不睡觉,到了夜里三点左右,体温也会降到最低,晚上荷尔蒙的分泌也比白天少。现代人,特别是在都市生活的人,把本来应该睡觉的时间也用来工作或者娱乐了,熟睡的时间很容易变少。

最近的日本人衣食都很充足,虽然礼节稍微有些不足,但最不足的就是睡眠时间。于是,很多人都产生了想多睡一会儿觉的心情,还有人一换枕头就睡不着觉,还有人必须抱着枕头睡觉,也有人变得羡慕枕头。

与健康有关的枕头之前基本没有被人关注。枕头虽然从上古时代开始就一直被人类使用,却因连书上都没有好好记载而湮没于世。不过近十年,从《枕头的博物志》(白崎繁仁,北海道新闻社,1995年)和《日本枕考》(清水靖彦,劲草书房,1991年)开始,"理想的枕头"、"短时间快速睡眠法和寝具"、"枕季考"、"用药枕头治病"等单行本或杂志的特辑便相继问世。想必您也注意到了周刊或杂志、报纸的广告里出现的多种新型或作为健康器具的附带各种功能的快速睡眠枕头的宣传了吧。

"枕头的健康法"等受到注目,是因为生活余裕而产生的。健康和睡眠的重要性逐渐被重视,人们也认识到了枕头的价值。对于这一点我感到非常欣慰。

夫妇圆满××枕、离子发生××磁气枕、头冷××枕、让二百万人头部舒适的××枕、枕头革命的舒适××枕、有指压效果的××枕、使用高科技的可以让人三倍熟睡的××枕、健康地快速睡眠的××枕、新材料××枕、防止打呼噜的××枕、防止皱纹的××枕、有森林浴效果的××枕、电子冷却××枕、能马上有钱的水晶××枕……现在市面上有各种各样的枕头。

另外，还有一些有意思的广告语。像伟大的人睡眠要好；睡觉的男人果然是强大的；睡觉的话，人可以精神双倍；丰富的想象力都是从枕头来的；枕头是一生的伴侣。此外还有，肩部酸痛用的磁气枕、一觉到天明的安眠枕、让明天更有活力的××枕、还有适合约会的理想枕头，等等，十分吸引眼球。最近还新增了一种从阪神大地震的体验产生的不常用的安心枕头。

我曾经设想把二百几十种新产品的枕头都买回来试用一下，这样我就可以自认为是枕头的顾问和枕头的评论家了。但是因为每个人对枕头的喜好不同，不管对我来说是多么理想的枕头，也不能就说它是适合所有人的，所以我就放弃了这个想法。

不过，原东京大学以火箭博士著称的系川英夫博士认为，一生都要日常使用的枕头对人来说是很重要的。所以十几年前在研究宇宙工学的同时，他还结合人体工学对枕头进行了研究。研究成果是什么，我们不得而知。不过，受到系川博士研究的启发，在昭和六十年 (1985) 春，东芝公司和日立公司研发出品了一款叫作凉枕的新产品。这种枕头里装入了半导体元件，如果接通直流电流，枕头的一面就会发热，另一面会制冷。后来还出现了表面温度可以恒定在比人体体温低8~9℃的28℃的枕头。还有内置了闹钟的枕头，这种闹钟枕头又进一步发展为时间一到就振动的枕头，这样可以避免干扰到周围的人。后来市场上还出售过一种内置喇叭的能和电视或音响连接起来的枕头，不过不知什么时候这种枕头就不再销售了。

按照这种趋势发展，相信过不了多久，就会出现一种和电脑连在一起的、可以自由控制人睡眠深度和时间的枕头。人们可以在睡觉之前将枕头的开关打开，或者是让别人帮忙打开，依靠电脑软件支配自己的睡眠。这样只睡两个小时就能达到相当于过去睡8个小时的效果。起来之后可以工作或娱乐，那样的时代或许就要到来了。不过那样的人生，究竟幸不幸福呢？或许到那个时代，人们又要开始怀念上世纪人们使用的自然的、什么功能都没有的枕头了。

对了，还有一个这样的问卷调查，"你是经常使用妻子或母亲手工制作的枕头，还是使用市场上销售的枕头？"我手里有一份稍微陈旧一点的、昭和五十年 (1975) 奈良女子医科大学的花冈利昌老师调查的数据。据该数据显示手工制作的枕头的使用率为，50岁左右的人是70%，40岁左右的人是65%，30岁左右的人是50%，20岁左右的人的使用率就低到了只有30%。一次也没用过市场上销售的枕头的，30岁左右的人里有4%，40岁左右的人里有38%，50岁左右的人里有34%。从这或许可以看出，在当时的40岁左右的人中间，成品枕头基本没怎么卖出去过。而30岁以下的人基本都使用过市场上销售的枕头，相反没有体验过饱含母爱的枕头滋味的人正在增多。20年前尚且如此，那之后又怎么样了呢？有人在昭和三十年 (1955) 也进行过同样的问卷调查，当时的结果显示95%的人都是使用手工制作的枕头的。现在可能正好与之相反，应该有95%的人都喜欢使用市场上销售的枕头吧。

在日本的家庭，"妈妈的味道"正在急速消失。与此同时，妈妈做的手工制品也出现了同样的现象，这多少让人感到有些凄凉。

在报纸的读者来信栏里，刊登了一个崎玉县加须市的主妇写的名为"回忆里的枕头"的来信。

我跟老家的妈妈说买不到适合孩子枕的枕头。妈妈就为我缝制了一个。那个枕头大小合适、弹性也正好，孩子们枕在那个枕头上的时候，就像被施了魔法一样马上就睡着了。那个深藏青色的枕头即使脏了也不容易看出来，只要经常晾一晾就行了。清洗也很方便，只要打开拉链把外套拆下来就可以。我还十分怀念粉色和蓝色图案的枕头。那是将近20年前我和弟弟使用的枕头。少女时代，我曾向粉色的枕头倾诉了我全部的青春悸动。我难过的时候也曾经晚上一个人躺在上面哭泣，高兴的时候就用力抱住它。

现在的枕头外面的人造丝布变薄了，枕头里的填充物也出现了棉花和稻壳的混合形式。我看着眼前的枕头回忆起了过去，真的非常感谢我的母亲。而且，我又把充满回忆的枕头仔细地清洗了一遍，以示对它的敬意。今后孩子们在成长过程中的各种各样的感情就拜托给它了。

枕头变迁概略图

枕头中的 填充物	系　　　统	时代 区分
草 稻草 谷子 稗子 稻皮 荞麦皮 沙子 等等	草枕 茭白枕 粗草席枕 灯心草　黄杨 杉木 香木　木枕　黏土枕　石枕 竹藤皮 陶枕 括枕 (布袋)　外面粘着 布的枕头 织锦枕头	古 代 中 世
稻皮 荞麦皮 红豆 棉花 沙子 茶壳 木棉 等等	箱枕　茶碗枕 和尚枕　安土枕 陶枕 船底枕	近 世
荞麦皮 木棉 橡胶 羽毛 红豆 塑料 等等	圆 平 靠垫枕头 (西洋枕)　空气枕 水枕 冰枕 等等	现 代

后 记

　　我正负责编写本丛书的《鲨鱼》和《鲍鱼》两册书时被告知接下来的是《枕头》，所以稍微感到有些不可思议。

　　似乎在迷糊间北杜夫先生曾跟我说过"接下来就是金枪鱼的书了"（金枪鱼与枕头的日语发音类似）。当时的我正热衷于鲨鱼的研究，根本没想到会突然跳到枕头的研究上，所以错听成金枪鱼也无可厚非。

　　我从学生时代开始就以动物和人类关系的民俗学为课题，对古籍中出现的青蛙、鲶鱼、海参、兔子和乌龟等进行了一系列的调查。但是以上每一种动物都有老前辈进行了出色的研究，并不是我能驾驭得了的。不过对于鲍鱼和鲨鱼，前人倒是没有进行过细致的研究，所以我才得以进行文化史层面的总结。

　　我年轻的时候，曾做过博物馆的学艺员。有一次参加集会的时候，和我住在一起的是奈良的富本宪吉纪念馆的馆长迁本勇。他热情地向我讲述了美术收藏的乐趣和他作为实业家的梦想。然后他说当时正在收集枕头但是没有参考书，如果我的老师樋口清之博士的话，应该会写解说书吧。但讲着讲着却变成了枕头是有意思的这样的话了。而且，当时我还结识了《猴子》的作者故广濑镇先生，也因此与法政大学出版局结缘。人生的奇缘真是妙不可言。那是昭和五十一年 (1976) 的事，距今已有20多年了。

当时我也对枕头上画的貘和其他动物比较感兴趣，所以就含糊地轻易答应了进行枕头的文化史的调查。

赖山阳有"十年磨一剑"的汉诗。从那以后10年，我不只磨了一剑，还相继完成了《鲨鱼》、《鲍鱼》和《神道文化史》等。

当然，这些书都是在我担任伊势神宫主祭的同时完成的。无论写哪一本书的时候都不能全身心地投入研究。

当时我还负责管理神宫的博物馆，所以稍微有一些可供研究的环境。可刚开始进行枕头的研究不久，我就被调去负责神宫司厅总务部弘报科的勤务工作。那之后的17年为了迎接"式年迁宫"仪式，我每天都比别人更加忙于神宫的事务。不过即使那样，我也通过减少休息时间的做法履行了10年做完这本书的约定。

昭和六十年 (1985) 秋，《枕头的文化史》在讲谈社出版发行了。

托大家的福，这本书受到了"具有同类书籍中没有的趣味性，是一本特殊的文化史"的好评。书里的索引和枕头的变迁图也因为有用而被媒体朋友们喜爱。全日本各地文化界和图书馆的朋友也传来好消息，说该书的索引就像枕头的百科词典一样。

前书因为范围太大也有很多我写得不对的地方，还有很多需要进一步调查修改的空间。那之后10年，真是光阴荏苒、白驹过隙。

关于枕头，近十年间考古学上也有很多大发现。有的枕头也从重要文化遗产升格为国宝，新做成的枕头也取得了令人瞩目的进步。特别是，我可以感受到普通人对枕头的关注度正在提高。这一点从百货商场的寝具卖场角落里的枕头专柜就能看出来。

对我来说，枕头确实是一个有意思的课题。但想要将它写成一本书，也不是件容易的事。我时刻提醒自己不能把这本书写得太花哨，要用心地踏实地写好它。但是由于我是带着愉快的心情写的这本书，所以在写作过程中经常一时兴起，就把话题扯远了。

就像我之前很多次提到的那样，没有比枕头更贴近我们生活的东西了。虽说筷子啦碗啦还有对我来说的酒壶等也是很常用的。但是从时间上来说，像枕头这样每天长时间和人在一起的物品真的很少。我要感谢神给我留了一个这么有趣的研究课题。

在此，我还要向给予我很多指导和教诲的老师们、协助我研究的同仁们、给予我很多关照的出版方朋友们一并表示感谢。

虽然人的一生都要使用枕头，但是对于枕头的研究是没有止境的。我曾想过就此搁笔，稍微休息一下。可是现在神宫农业馆正在翻建，所以我也无暇休息。另外还有很多神赐予我的有趣的特别的研究课题。接下来，我打算不慌不忙地继续写下去，希望有缘的读者诸兄可以再次读到我的作品。

平成八年（1996）　秋
皇大神宫御镇座两千年纪念年
矢野宪一